U0159126

狼的文化史

[法] 米歇尔·帕斯图罗 著　　白紫阳 译

生活·讀書·新知 三联书店

"Le loup-Une histoire culturelle" by Michel Pastoureau
© Éditions du Seuil, 2018
Current Chinese translation rights arranged through Divas International，Paris 巴黎迪法国际版权代理
(www.divas-books.com)

图书在版编目（CIP）数据

狼的文化史／（法）米歇尔·帕斯图罗著；白紫阳译. —北京：
生活·读书·新知三联书店，2021.5
ISBN 978-7-108-07090-6

Ⅰ. ①狼…　Ⅱ. ①米…②白…　Ⅲ. ①狼-文化史-研究
Ⅳ. ① Q959.838

中国版本图书馆 CIP 数据核字（2021）第 021587 号

责任编辑　崔　萌
装帧设计　薛　宇
责任校对　张　睿
责任印制　张雅丽
出版发行　生活·讀書·新知 三联书店
　　　　　（北京市东城区美术馆东街 22 号 100010）
网　　址　www.sdxjpc.com
图　　字　01-2020-5029
经　　销　新华书店
制　　作　北京金舵手世纪图文设计有限公司
印　　刷　天津图文方嘉印刷有限公司
版　　次　2021 年 5 月北京第 1 版
　　　　　2021 年 5 月北京第 1 次印刷
开　　本　720 毫米×880 毫米　1/16　印张 12.5
字　　数　110 千字　图 76 幅
印　　数　0,001-6,000 册
定　　价　69.00 元
（印装查询：01064002715；邮购查询：01084010542）

LE LOUP

Une histoire culturelle

目 录

导　言

　　人类社会，无论是建立在哪种文明之下，都会建立起一种对于动物世界的想象场域，而这种场域往往是围绕着几种动物架构起来的，这些动物在他们看来或是比其他的物种更加重要，或是与他们之间的联系更为突出，这种突出的联系可以体现在紧密，可以体现在神秘，也可能仅仅体现在人类的想象力中。这些动物就形成了一种所谓的"动物中心圈"（bestiaire central，这个漂亮的术语表达是我从考古动物学者弗朗索瓦·波普林那里借用来

◀ **福瓦伯爵著作中的狼**（1400）

中世纪有很多关于围猎活动的论著文献，这些文本对野生动物的论述角度与动物故事绘本是截然不同的。在这里，没有基于《圣经》典籍的阐发，也没有道德伦理方面的挖掘，这里能找到的只有从对这类物种的直接观察中提炼出的描述性观点。福瓦伯爵贾斯东三世（1331～1391）编著过一本很著名的《猎书》，结集面世大约是在 1387～1388 年之间。伯爵本人是个不世出的猎手，对自己要写的领域了如指掌，因此这部作品很有分量。

《猎书》，贾斯东·菲比斯，图出巴黎手抄本，藏于巴黎，法国国立图书馆，法国第 616 号展品，第 31 对开页左页。

的），从这个小圈子出发，一张交织着传说、神话，缀满了形象与符号象征的大网就这样逐渐地展现出来。

这种动物中心圈在欧洲出现的时间是极早的，自有人类历史（或是古典时代最早期）就已经存在，并在此后相当长的历史长河中持续地发挥着作用。构成这个圈子最初核心的，是这样八种本地原产的野生动物：熊、狼、野猪、鹿、狐狸、乌鸦、鹰、天鹅。后来，一些家畜也进入了这个核心，最早的是牛、马、狗，后来又加进了家猪、驴、公鸡等其他动物。值得一提的是，还要算上一种虚构的动物，那就是"龙"（dragon，这并不是指中国的图腾，而是蛇中最大的一种），另外还出现了三种外来物种：狮子、象、猴子，如此这个核心圈子才算完整。这样我们大致可以看出，这近二十种动物就构成了欧洲文化史舞台上的第一梯队。

我们这套专著就力图从这个角度完整地展现历史。我选择了狼这种动物作为开篇。我要承认我没有发表过很多关于狼的文章，但在我的研究和教学工作中，狼一向占据着相当重要的地位。当然，我们已经有很多高质量的文献来讲述关于这种动物的历史，但是绝大多数都将关注点落在自然历史上，而对于其文化史着墨不多；特别是面向长期历史来考察的文献则更是稀缺。另外，有些主要面向大众读者的作品更多宏观地介绍全球通见的狼的形象，而不专注于思考其在欧洲特定的社会背景下的文化内涵。在我看来，文化史就是社会史的一个组成部分，是一种"集体意象"（représentations collectives）的历史，其中必然体现了某个特定社会形态中所特有的文化现象，包括语言、词汇、文学创作、艺术创作、纹章与符号、信仰与迷信等等。要成功地铺陈这样一段历史，我们首先要对其所涉及的社会背景有深入的了解。作为一个历史学家，很显然我没有办法对五大洲的所有社会形态进行全面的一手研究，而且我也并没有对其他学者的研究进行结集的打算，所以我就满足于把我在半世纪间从事历史研究所获得的史实加上些自己的思考整理出来。这些工作把主要落脚点放在欧洲的社会，但跨度会从上古的神话传说一直延续到今天我们身边的毛绒玩具、商标广告、动漫卡通、电子游戏，我觉得单做到这一点就已经足够地厚重了。

关于人类与狼之间关系的历史，我们可以滔滔不绝地说下去，但为了让我们这本书不要过分冗长，我决定就将我近四十年来在高等研究应用学院（EPHE）和社会科学高等学院（EHESS）授课时关于欧洲"动物中心圈"的讲座与研讨中"狼"的主题部分整理成一个总结报告（我将之称为"Bilan Lupin"，因为"lupin"不仅是狼的拉丁词根，而且还是"哈利·波特"系列里狼人教授的名字）。在我的讲座中，狼始终占据着非常核心的地位。我要向我所有的学生和听众致以诚挚的谢意，在那些研讨会上我们交流互动中迸发的火花是这部作品的重要组成部分。同时，也要对弗朗索瓦·波普林致以最热诚的感激，他在国家自然历史博物馆组织的历时二十年的学术研讨会给我们提供了互通有无、自我充实的机会。这些年我们这个领域绝大多数的研究者（有动物学者、考古学者、历史学者、社会学者、文献学者、语言学者，不一而足）都是在他那里结识并建立起学术联系的。

在很长一段时期，历史学者基本不怎么关心与动物有关的事儿。他们直接把这些题材扔进了"小历史"的筐里，就像对任何他们觉得乏味、八卦或是边缘性的题材一样。只有一些文献学者和宗教史学者曾经对这样那样的某些与动物相关的特定史料表现出过兴趣。现在情况发生了很大变化。由于历史学科先驱们的大量工作，在与其他领域研究者的广泛合作中，动物终于成为了一个具有学术价值的历史学项目。对于动物的研究也出现在了某些研究领域的尖端前沿，或是学科交叉的关键节点。从动物与人类的关系这个角度出发，我们会发现实际上历史的主要门类中都出现了它们的身影，无论是社会史、经济史、器物史、文化史、宗教史，还是符号象征史。它们无处不在，无时不在，在任何场合和重大事件中都会出现，而每次出现都会为那些有心的历史学家提出一系列重要且引人深思的复杂难题。

1972 年，我在国家案卷保管和古文书学院完成的博士论文答辩就题为《中世纪纹章系统中的动物意象》，可见我也从来没有中断过对于动物史学与动物形象象征史学的工作和努力。其中我对于熊的研究相对较多，做了很多研究也发表了些作品。熊在欧洲文化传统中长期以来都处于万兽之王的地位（这个位置后来让给了狮子，但那已经是 12 世纪的事了），而且在很多古典社会形态中，熊也被视作狼的表亲。这两种野兽都令人畏惧，而令人敬畏也正是古代神祇们被封神的缘由，所以很多民族都将它们视作图腾守护神；信仰多神教的战士和猎手们也敬畏它们，认为吃了它们的肉或喝了它们的血就能汲取到与它们相匹敌的力量；同时，这两者也都是被基督教会深恶痛绝的动物，基督教会自古以来就与它们进行着你死我活的斗争，不只是通过组织无数的围猎和追捕活动对它们进行肉体上的消灭，更是要在象征的层面上将它们与长长的一列宗教罪恶习气联系在一起，将它们彻底妖魔化。无论是在哪个历史时期，也无论是在哪类的文献资料中，狼的形象总是比熊的形象更加负面，具体表现为更加贪婪、更加凶残、更加嗜血、更加低劣、更加懒惰，有时也更加滑稽。

在经过了与熊多年的纠结之后，我觉得是时候该跟狼斗上一轮了。特别是这些年狼也成了一种被潮流追到风口浪尖的动物呢。狼在欧洲很多本来已经绝迹了的地方重新出现了，有的是自然回归，也有的是人为投放的，这引发了激烈的争论，养殖业者、猎人和牧民自然反对，而主张自然生态的人士则坚决支持像狼这样的野兽也拥有在其所适应的野外自然环境中自由生活的权利。在某些特定的环境下重新人为引入狼群，多是以恢复当地的生态环境并维持物种平衡为目的的：因为某些大型反刍类动物如果没有了天敌的威胁会趋向于无节制繁殖，并对环境造成破坏。于是在欧洲的部分地方，人们开始对狼的形象进行积极的干预，对它们的态度也产生了颠覆性的变化，它们突然摇身一变成为了受保护的物种，还被赋予了各种各样的价值品质。比如，平反后的狼被誉为"非破坏性融入"环境的模范标兵，也是一个地区自然生态整体优良的见证，甚至它们被推为健康社会生活的样板，因为狼群总是围绕着家庭结构建设社区，并贯彻着严明的阶层秩序。但是这些人为干预行为也让那些立场不那么明确的观察者非常困惑：因为随之而来的还有不得不配套出台的奇葩"限狼计划"，要求当局每年消灭主动引入狼只总数量的一定比例（2018年法国的规定是 10%），因为这些狼的繁衍也超乎想象得快，给当地的畜牧业带来了灭顶之灾。

历史学家在这场论战中也没能独善其身，狂热的"挺狼族"指责我们给狼构陷了一整套贪婪嗜血的虚假形象，冤枉它们不只袭击羊群，甚至会伤害老弱妇孺。在他们的眼中，这种可敬的动物即使是在被激怒的状态下也绝对不会攻击人类。不过，19 世纪以前能找到的所有官方历史文献和司法记录中的记载都是与他们的认识完全相反的。当然所有这些材料（包括教案、身份证明、公证书、死亡鉴定、人口普查档案、医疗档案、司法档案、年鉴、公报、期刊、告示……）都可能是错误的，或者是恶意编造的，也有可能是历史学家打开的方式不对，作者夸大其词、过度解读、曲解误解，甚至简单粗暴地在故布迷阵吧！狼绝不是食人兽，它们是无辜的，历史学家对它们劣迹的叙述全是栽赃，赤裸裸地泼脏水！

但我们不得不承认，我们文化史（包括象征、符号和意象）中揭示的事实与历史档案中的史料基本是一致的：无论是哪个时代、什么地方，狼所带来的都是恐怖、破坏和难以愈合的伤痛。这样的话，该信谁呢？是当今那些自然至上主义者的认识，还是历史给我们留下的数不胜数的事实见证呢？而且，自然史说到底不也正是文化史的一个特别的细分种类吗？考虑再过几个世纪，关于狼的看法一定也会与今天不同，我们身边那些铁齿钢牙捍卫狼形象的道德卫士和辩护人估计也难免会重新受到审视。既然如此，我们可以达成一种共识，那就是：古代的狼与今天的狼不同，而今天的狼也必将和未来的狼不同。

我们可以不在这一点上继续研究了，更不要说去进行价值判断。如果用过去的经验作为衡量今日的知识、情感、伦理与价值体系的尺度，只能体现出我们实在是对于"历史学"的真正意义还一无所知。

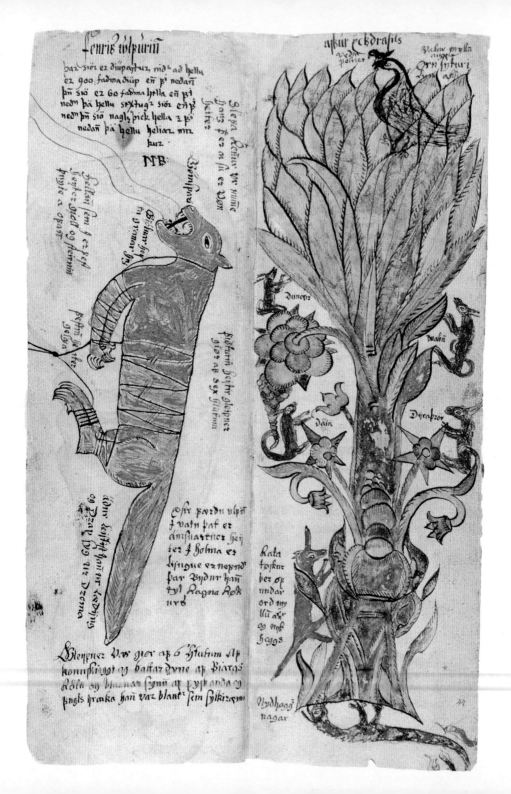

1 —— 上古神话传说

Mythologies anciennes

◀ **巨狼芬尼尔与"世界树"尤克特拉希尔**（1680）

这是一份约完成于 17 世纪末的冰岛手卷，上面誊抄了部分史诗《埃达》的文本，在这里我们找到了一幅描绘恐怖巨狼芬尼尔和"世界树"尤克特拉希尔的彩绘。世界树是一棵连接天界、地界和冥界三个世界的巨树，通常被描绘成白蜡树的形象。在树上居住着很多生灵，我们看到的有：鹰、隼、山羊、松鼠，还有五只鹿。树下则有一条龙试图摧毁这联络三界的通道。

《埃达绘卷》，藏于雷克雅未克，奥尔尼·马格努森学院，藏品号 AM73841，第43—44 双开页。

狼头人身怪（前 530～前 520）

在前 6 世纪的伊特鲁亚陶器花纹中，狼的形象大量出现。比如这个出土于意大利武尔奇遗迹的盘子，其上的图案样式就让我们很难解读：那并不是一匹狼，而是一个狼头人身、浑身长毛、有着锋利爪子的怪物。而围绕在它四周的形象我们都有定论，比如拿着弓箭的赫拉克勒斯（或者是箭神阿波罗）与一个肋生双翼的神祇激战，还有半人马涅索斯诱拐得伊阿尼拉的形象。

藏于罗马朱丽叶斯别墅，伊特鲁里亚文化博物馆。

关于旧石器时代人类与狼的关系处于一种怎样的状态，我们基本上是一无所知的。在远古岩画上，出现过水牛、马匹、长毛象，甚至还有熊和鹿，但狼从来都不是当时动物圈中受到关注的明星之一，即使在石洞壁画或是文物器具上偶尔出现长相接近这种野兽的某种形象，也很难明确指出其所代表的到底是什么。但在这段长达数万年的漫长岁月中，狼的象征意义却逐渐建立起来，作为一种既值得欣赏又值得敬畏的野兽而深入

披着狼皮的特洛伊间谍：

多隆（前 460）

希腊语"诡计"（dolos）一词的词根就来源于《荷马史诗》中多隆的故事，荷马在《伊利亚特》第十卷中讲述了他的事迹。多隆是个相貌丑陋而且眼高于顶的人，但他的长处是跑起来的速度非常惊人。为了赚取诱人的赏赐（阿喀琉斯的战车），他接受了深夜逃出特洛伊，潜入希腊人军营刺探情报的间谍任务。为了掩人耳目，他把自己扮成一匹狼的样子，并模仿狼的步态。但他的诡计被狄俄墨得斯与尤利西斯拆穿了。于是他不得不向希腊人招供了特洛伊城的防御机关，不过最后仍然落了个被斩首的下场。

朱彩绘鹤颈瓶，藏于巴黎，卢浮宫希腊、伊特鲁里亚、罗马古典时期展馆，展品号 CA1802。

人心，它们与人类活动区域比较接近，目标食物范围也有很大重合，其中甚至也包括人类祖先的某些分支族裔。源于中亚的很多突厥与蒙古民族部落将狼视为图腾，有些甚至以狼族为名；传说成吉思汗本人就自诩为"苍狼末裔"，苍狼是神话里从天上降落尘间与凡人合而为一的一匹神狼。在整个北半球，各个将狼视为祖先的民族在未来漫长岁月中将一步步形成一套辽远而尊贵的血统联系。

让我们把焦点仍聚集到欧洲，在这里，神话传说给我们带来的信息量比考古文献更加充足丰满。特别是在希腊神话中，有很多故事提到了狼：贪婪、狡诈、盗窃成性，是牧羊人与畜群的死敌。但它们又和很多神祇的形象紧密结合在一起，无论是宙斯、阿瑞斯、阿波罗还是赫卡忒，狼都是他们用以惩罚凡人的重要手段，也是神祇之间挑起争端和相互报复的有力工具之一。在很多脍炙人口的神话故事中，总有些程式化的桥段令人耳熟能详：比如神灵幻化成狼，或是伪装成狼的模样；被狼喂养大的英雄；被狼指引或被狼保护的人；等等。古罗马诗人奥维德的《变形记》成书于人类文明最早期，这部文学作品基本上奠定了整部西方文化史的总基调，其中关于吕卡翁国王的那个恐怖骇人的故事被作者收录为该书开篇第一个故事。吕卡翁是阿卡迪亚王国的国王，出名的渎神不敬，热衷于在典仪以生人献祭，有一次在为宙斯举办的祭祀仪式上他胆大包天地在食物中呈上了刚被杀掉的婴儿的血肉。宙斯暴怒之下当场将吕卡翁变成了一匹狼，并惩罚他以此形态行走世间八年，严禁以人为食。吕卡翁的儿子也被视为从犯承受了同样的惩罚。

宙斯也曾经将怀着他子嗣的情人勒托变成了一匹母狼，这却是出于完全不同的原因，旨在避开他正房妻子赫拉的妒火。勒托来到了爱琴海上荒芜的浮岛（后来的提洛岛）并生下了一双儿女：阿尔忒弥斯与阿波罗，三人一直躲在阿纳托利亚岛南部的吕基亚避难，这地方被称为"狼之国"。他们在这里居住了一段时间，狼群一直保护着他们，以免遭受当地农民的敌意侵害。所以说阿波罗又有一个绰号叫作"吕西安"（Lycien，吕基亚人），很有可能就是从这个典故中来的。但也有另一种说法，认为阳光之神阿波罗是在极北之国（Hyperboreen，许珀耳玻瑞亚）每年度假休养期间与狼群成为朋友的。不管真相如何，至少我们可以肯定无论是在图像还是文本中，与阿波罗相关的动物符号里（包括乌鸦、天鹅、公鸡、海豚、鹰、隼、秃鹫等等），狼是最经常以朋友身份出现的一种动物。人们给阿波罗献祭最多的祭品也是狼，特别是在这位神祇自家的圣城德尔斐更是如此，人们同样也将狼献祭给月亮女神阿尔忒弥斯——阿波罗的双胞胎姐姐，也是野生动物的保护神。还有，阿波罗既然是一位化身成母狼的女人所生之子，人们有时还将他称为"吕刻热奈斯"（Lycogénès，意为母狼之子），我们当代法语中的"中学"（Lycée）一词就来源于此。

Igne Lycaonias deuastat Iuppiter ędes,
Ille fugit rapidum vertitur inĝ lupum.

Syluas

hiosa petit spelea ferarum,
erox animo, que fuit antè, manet.

宙斯将吕卡翁变成狼（1589）

奥维德在他的巨著《变形记》中讲述的第一个故事就是野蛮残暴的阿卡迪亚国王吕卡翁变形的故事。借助这部书，这个故事成为历史上最著名的故事之一，也是艺术创作最频繁采用的题材之一，尤其在版画艺术中最为多见。吕卡翁在招待宙斯的宴会上斗胆为他的菜肴里加了婴儿的肉，有的传说还认为就是宙斯儿子的肉（他与吕卡翁的女儿卡利斯托所生的儿子阿尔卡斯）。宙斯被这种滔天罪行所激怒，当场将吕卡翁变成了一匹狼。

版画作品，亨德里克·霍尔奇尼斯，1589 年在阿姆斯特丹出版的一套奥维德《变形记》中所配的插画。

这里有个典故，说大约前335年左右，亚里士多德在雅典阿波罗神庙旁的圣林中教授哲学并建立了自己的学院，这个学院的名字就借用了圣林的称号"Lykeion"，慢慢地演变成了"Lycée"。

在希腊语和拉丁语中，有着很多关于狼的谚语、寓言以及约定俗成的表达方式，从一个侧面为我们展示了狼在古典时代人们日常生活和想象空间中所占的地位。

我们在这里选译几段：

"像狼在井边跳舞"——指徒劳无功地做某事；

"揪狼的耳朵"——投身于一项注定失败的事业；

"像张着大嘴的狼"——失去所有希望；

"陌生人都像狼"——我们害怕陌生人。

其中最有名的一句格言要数前3世纪末期普劳图斯著的《驴的喜剧》(Asinaria)中那一句"他者就是恶狼，或人类的天敌就是其同类"(Homo homini lupus)。无数哲学家对这句箴言都是心心念念、脱口而出的，普林尼、伊拉斯谟、蒙田、尼采乃至弗洛伊德都曾对这句话进行过长篇评议，他们认为这种说法揭示了对人性的悲观态度：人类可以是一种不择手段、充满暴力和颇具侵略性的物种，渴求权力，永远将自己的利益置于别人的利益之上。这条警句也为狼这种动物勾勒出了一副难以恭维的形象，很久很

身披兽皮，头戴恶狼面具的奥丁战士（11 到 12 世纪）

据史诗《埃达》与传说《萨迦》中的记载，古斯堪的纳维亚最优秀的战士在战场上都是赤裸上阵，仅以兽皮作为保护，其中穿戴熊皮的被称作"狂战士"（berserkir），身着狼皮的被称作"狼战士"（ulfhednir）。在每次战斗前，他们都要各自饮下这两种野兽的血，或啖其肉，在此之后他们就会进入一种狂暴的精神状态，无视生死，一往无前。本图是头盔上用于装饰的一块铜片，在图中的右侧我们可以看到一位身披狼皮的战士从剑鞘中拔出长剑。在他身前的那个人物形象很有可能就是奥丁本人。

瑞典厄兰岛托尔斯隆德遗迹出土，藏于斯德哥尔摩，瑞典国立历史博物馆，藏品号 SHM4325。

久以后（大约是到了 16 世纪的时候）又有另外一条流传甚广的
谚语，既能看作与这句相呼应，却又形成鲜明的对照。最早，人
们说"狼不吃狼的肉"，后来逐渐演化为今天我们常说的："狼
毒不相食"（恶人不互害）。

　　在北欧神话系统中，狼的形象比它们在希腊罗马神话系统
中表现出的样子要凶狠十倍。奥丁是北欧万神系统中的主神，
形象是独眼魔法之王的样子，有着神秘的历史，处事狡诈、凶残
暴戾，但是却全知全能，人们有时候称他为"御狼之神"。在他
的神宫瓦尔哈拉里王座脚下，总是伏着两只狼，名叫格力和费
基，它们负责看守着在战争中最勇猛战士的尸骸，以等待他们
在迎接"诸神黄昏"（Ragnarok）的最终大战时复苏重生。在很
多传奇故事中，这些奥丁的战士被称为"狂战士"（berserkir，字
面意思是熊衣人）或是"狼战士"（ulfhednir，字面意思是狼皮
人），其实是因为这些北欧士兵上战场都是赤条条的，既不着护
具又不穿盔甲，只靠一身动物毛皮来提供防护功能。在作战的时
候，他们时刻处于一种催眠式的狂怒状态，如盲目的野兽一般，
连自己手里的盾都会上口去啃，在远征途中神挡杀神，佛挡杀
佛，屠村灭城，鸡犬不留。如著名的冰岛作家斯诺里·斯蒂德吕
松在书中写到的："无论是白刃还是烈火都无法阻挡他们，他们
永远势如破竹。"他还告诉了我们一些细节上的内容：狂战士如
熊，在战斗中习惯于单打独斗；而狼战士则像狼，更倾向于兵团

芬尼尔巨狼撕咬着奥丁（11 世纪）

这块如尼石碑上留下的铭文告诉我们，它是一位名叫碧斯的人，为怀念亡父托尔果立下的纪念碑。我们在刻下的图案中可以看到那头骇人的巨狼芬尼尔扑向奥丁准备撕咬，这就是"诸神黄昏"中的一个意象，预言中揭示的世界终结时注定要出现的场景。我们在图案下半部分看到的战士头盔款式似乎与在巴约绘毯上画出的头盔样子非常接近，这就帮助我们有效地将这块石碑图刻的建立年代限定在 11 世纪中叶或后半叶的范围内。

瑞典雷德别尔格的如尼石刻。

▼ **凯尔特神祇科尔努诺斯受百兽拥藏图**（前 1 世纪）

在凯尔特神话体系中，狼的地位不及熊、野猪或鹿来得重要，但它却是某些神祇的固定御兽或神性的符号象征。在全球知名的丹麦国宝根得斯特鲁普釜（chaudron de Gundestrup，19 世纪在日德兰的泥炭矿中出土的融汇了古代文化价值的器物）的图案上，狼的位置紧挨在凯尔特诸神中的一尊主要神祇——头上生双角，象征生育与丰产——科尔努诺斯身边。狼位于神的左手边（也就是图像中的右边），长得可能有点像一头野猪，但是它的嘴上没有野猪独有的獠牙，而且拖着长长的尾巴，这就很明显地能够分辨出狼的形象了。

根得斯特鲁普釜内层银饰雕凿版画，藏于哥本哈根，丹麦国立博物馆。

作战。在开赴战场之前，这些狼战士更会通过饮狼血（有时也要吃狼肉）的方式将狼性的力量注入自己的身体和灵魂。

在北欧神话体系中还有比发狂的狼战士更加可怖的生物，那就是巨型狼怪芬尼尔，它是诡术与嫉恨之邪神洛基与冰霜巨人后裔安格尔伯达所生的儿子。在它咬下了象征力量与胜利的雷神托尔的一只手后，芬尼尔的恐怖引起了整个神界的焦虑，因此它被牢牢地锁了起来。但恶狼最终还是挣脱了桎梏，让它的两只狼崽斯酷尔和黑蒂分别吃掉了太阳和月亮，它自己则去面对奥丁，最终在被奥丁之子维达刺死之前将众神之主吞了下去。尽管巨狼死去，但也于事无补，因为芬尼尔在杀戮中散发出的煞性释放了地火与海啸的狂暴力量，神界与人界共同迎来了最终的湮灭。

相对来说，凯尔特神话中记叙的故事总体上比北欧的铁血风格要柔缓很多。凯尔特诸神体系是出了名地形象繁多（至少在恺撒看来是够令人头疼的），其中主神是鲁格（Lug），创世的主父，无所不能的艺术与医者守护神，拥有穿透人心的眼神和无处不及的长臂，他的形象一般是像奥丁一样手持长枪，膝下总是伴着两匹狼，这两匹狼扮演着奥丁身边乌鸦的角色，平常走遍世界每个角落，将重要的信息迅速传达给鲁格。他的名字"Lug"，很有可能来自印欧语系中的词根"leuk-"，意思涵盖了"阳光""发光物"以及"发光"这个动作。而在希腊语中，狼被写作"Leukos",明显是一种与光有关的存在:至少表示,它能在暗处看清楚东西。所以,狼在希腊神话中是阿波罗的御兽,在凯尔特神话中也是鲁格的御兽,而在高卢神话中也是火神百勒努斯(Belenos)的标志性宠物,这三尊神祇都是太阳之神。

虽然狼本身是昼伏夜出的动物,而且经常有对月嗥叫的标志性行为(有的民间传说认为这是因为月亮偷走了狼的影子),但在古典时代的神话故事中,狼从来都是与太阳紧密相关的动物,完全是一种阳光的象征。

2 —— 哺育罗马的母狼

La louve romaine

◄ **被母狼喂养的罗慕路斯与雷穆斯**（1615～1616）

多产的画家鲁本斯根据古希腊罗马神话故事创作了很多传世油画作品。在这幅著名的画作中，我们看到罗马母狼正在无花果树下给一对双生子喂奶。画的左手边，双生子的亲生父母——战神马尔斯（我们是通过他著名的御兽青啄木鸟认出的他）和圣处女雷娅·西尔维娅——正在暗处欣慰地看着这个场面。画的右手边，牧羊人浮士德勒从藏身的浓密树丛间探出头来，窥探这幕奇观。

藏于罗马，卡比托利欧博物馆。

罗马人对于追寻他们城市的古老起源有着狂热的爱好。在开始的几个世纪中，罗马城的开创史经历了不同传统的各自表述，如走马灯似的变幻无常，但从奥古斯丁时代开始，基本就以维吉尔的史诗巨著《埃涅阿斯纪》中所述为准，一直到蒂托·李维的《罗马史》中的说法被正式确立为权威的说法。这部书是写女神维纳斯与凡人安喀塞斯所生之子埃涅阿斯是如何逃出被希腊攻陷的故国特洛伊，又是如何经历了千难万险最终在台伯河口的意大利安顿下来的故事。埃涅阿斯的儿子阿斯卡尼俄斯就在这里建立了自己的城邦——阿尔巴隆加（Albe la Longue），也叫"阿尔巴朗格"。

罗慕路斯与雷穆斯就是阿斯卡尼俄斯的后代，阿尔班诸王之裔，他们的母亲雷娅·西尔维娅是这里年轻貌美的公主，阿尔巴隆加明君努米托的独生女儿。但在双胞胎出生以后不久，他们的外公老国王努米托就被觊觎王位已久的兄弟阿穆利乌斯推翻了。努米托只有一个女儿，而且作为祭司之女，她必须承诺保持圣洁的处女之身。但也是阿穆利乌斯不走运，这位圣处女与战神马尔斯陷入爱河，并为这位神祇生下了两个儿子——罗慕路斯与雷穆斯，他们就注定要成为王国的合法继承人了。阿穆利乌斯一听说双生子的诞生，不禁急火攻心：他推翻了兄长的统治，活埋了可怜的雷娅·西尔维娅，命令手下把两个待哺的婴儿装在柳条筐中扔进了正在涨潮的台伯河，让他们自然

狼和无花果树（约 300）

这是于 1840 年在今天英格兰北部（旧称伊苏利姆 - 贝坦索斯）的一个罗马军事要塞遗迹中发现的镶嵌画，这个藏版在后世经历了多次修复。比如画中狼的整个头部都被重做了，一对双生子也是同样。那株被称为"乳王树"的无花果树则基本上保留了最初铺设时候的原貌，在传说中，台伯河通过神迹将被放在柳条筐中注定要淹死的两个婴儿平安地放在了这棵树的树荫之下。

藏于利兹，利兹城市博物馆。

冻饿而死。

　　台伯河怜悯这两个无辜的孩子，水流将他们漂送到帕拉提诺山，放在一棵野生的无花果树下的旱地上（后来这种树被称为"乳王树"，因为拉丁语中"Ruma"意为乳房）。战神马尔斯派下了一匹母狼，前来用自己的乳汁喂养这一对孪生兄弟。后来，一只巨鹰也会给他们定时送来食物。最后一位名为浮士德勒的牧羊人终于发现了他们，并把他们带回自己的小猎屋，和他的太太一起将两兄弟抚养成年轻的牧羊人。成年以后，两人发现了自己身世的秘密，于是他们猎杀了篡位者阿穆利乌斯，将外祖父努米托重新送上王位，被赏赐了一块封地，离台伯河把他们放下的地方不远，他们决定在这里建设属于自己的城邦。

　　但在这座城如何建的问题上，两兄弟之间爆发了争执。雷穆斯想要把城建在阿文提诺山，罗慕路斯则倾向于选择自己被母狼养大的地方，背靠帕拉提诺山那陡峭的岩壁。他们按照伊特鲁里亚传统的仪轨——飞鸟占——来请示神谕（一些人说观察的是秃鹰，另一些人则认为是乌鸦）。神意偏向于罗慕路斯，示意他们在帕拉提诺山上建造城池。但当罗慕路斯用犁划出界定未来城市领土范围的壕沟时，雷穆斯出于嫉妒，想羞辱兄长一番，就自己跳过了神圣的城池结界。罗慕路斯在盛怒之下击毙了雷穆斯，自己将城池建造完成，并冠以自己的名字"罗马"。现在我们形成了共识，认为这座罗马城的建成年份应是在

钱币上刻印的罗马母狼（前 77）

在罗马时代的动物意象传统中，狼的象征意义仍然是负面大于正面的，它代表着盗窃、贪婪、凶残、乖张和嗜杀。相对来说雌狼的负面意义更甚于雄性，因为除了以上列举的那些罪恶之外，还要加上一项淫乱之罪：在拉丁语中，"lupa"一词既代表母狼，又代表妓女。但是，与世界上其他任何象征体系一样，例外总是会存在的，甚至必须要有例外，这种象征的内涵意义才能被充分体现出来。比如哺育了罗慕路斯和雷穆斯的那匹母狼就是这里的那个例外。从历史的开端起，它就作为罗马城的纹章，被铭刻在各种文化载体之上，罗马共和国的钱币就是其中非常具有代表性的一种。

前 77 年刻有当时铸币官姓名（普布里乌斯·撒特利耶努斯）的古罗马银币，藏于巴黎，法国国立图书馆。

▼ **牧神节**（前 220～230）

牧神节是罗马历中最重要的节庆之一。时间是在每年 2 月中旬，人们借此机会祭祀远古神祇卢波库斯，其圣地位于帕拉提诺山上，距离传说中母狼喂养罗慕路斯与雷穆斯的山洞不远。同时这也被认为是祈求收成与救赎涤罪的节日，祈求神祇保佑他们牧群生育的丰足充裕，当然也包括罗马妇人能够多子多福。在这一天，希望尽快生育的女人都会聚集在卢波库斯教团（侍奉牧神圣地的神职人员）巡游必经的路边。这些教团人员会遵循仪轨，用山羊皮做成的皮带抽打这些妇人，以催使她们能够早生贵子。我们是在突尼斯蒂斯德鲁斯城（古罗马的殖民行省之一，今天的杰姆市）的一座古罗马别墅用来铺路的石砖镶嵌画上发现了描绘这一幕场景的图像。

藏于苏塞，苏塞考古博物馆。

前 753 年，但其起源则是来自一次带来凶兆的飞鸟占，且是建造在手足相残的恶业之上的一座城。

自古以来，母狼和鹰就被视作罗马城的两个守护神。在共和体制时期，这两种图案被选做了官方的纹章，到了帝国时期，更是以各种各样的方式被展示在日常生活的方方面面。喂养了两个孩子的母狼就被印刻在各种罗马货币的背面，在绝大多数的纪念碑上也都有出现。除此以外，这只母狼还形成了一种自然信仰：每年在罗马历战神月（现在的 3 月）的前十五天，罗马人要庆祝"牧神节"（Lupercales），这就将本地古神卢波库斯（Lupercus，掌管农牧收成的善神）的纪念典礼与育婴母狼崇拜在新的文化环境下融为了一体，形成了一尊卢佩尔卡女神（Luperca）的形象。这个节日是罗马历中最重要的节庆之一，意在为城邦带来农牧业丰收与人丁兴旺。在这一天，人们会在位于帕拉提诺山侧峰上——相传为母狼养育了罗慕路斯与雷穆斯的神之庇护所——卢佩尔卡洞穴前举行献祭仪式，祭品主要是公母山羊。接下来会在帕拉提诺山的主峰上召开以灵魂净化、救赎涤罪为目的的体育竞赛仪式。那些骑士团出身的年轻贵族组成了卢波库斯教团（其词源来自"Loups-Boucs"，即供奉狼的公羊们），他们身披着献祭山羊的皮，用从祭祀的羊身上割下的皮当作皮带，骑着马四处狼奔豕突，一路抽打那些一同参与仪式的在场年轻女性，意在保佑她们能够尽快怀上孩子。随着千百年的流逝，这种

达契亚人的狼头军旗（107-113）

图拉真柱，建成于 113 年，旨在纪念罗马皇帝图拉真两次战胜达契亚人的军功。
达契亚人是色雷斯民族中的一支，常年在下多瑙河盆地定居。柱高 40 米，以螺旋
状绕柱的长卷式精美大理石浅浮雕装饰，长卷分为 155 个场景，主要描绘的是军
事场面。在这里面也描绘了很多战争中从敌方缴获的战利品，包括武器、盔甲、
军旗以及各种盾牌。图中我们可以看到一条军旗，设计成蛇形应该是为了便于在
风中飘扬，军旗上的一个凶猛的狼头，与整个旗帜的形状结合起来又像是一条龙，
龙则是色雷斯民族中很多部落所常用的图腾纹章元素。

罗马，图拉真柱底座（局部）。

古老的求子仪式逐渐演变，沦为了一种集体性的淫乱活动，但是真正被废止要等到教皇哲拉修一世的谕令，而时间则已经到了5世纪。

帕拉提诺山的东麓区域，由于母狼是在这里抚养了双胞胎，被罗马人视作一块圣地。浮士德勒的牧人小屋以及那棵无花果树都被悉心地保护起来。特别是在王政时代塔克文一世统治时期，当那棵"乳王树"显露出要枯死的迹象时，他下令将其移植到了罗马城市广场，让它又多活了几十年之久。

根据一些最新的考古发现，现在有些评论认为罗马最早的居民有可能是从周围的拉丁和萨宾村落迁徙而来的牧民，这些人习惯居住的是木头与苇秆搭建的木屋，在四周的七座山丘上放牧为生。在此后很长的一段年月中，罗马只是个普通的小乡镇，并不比与它毗邻的村落更有什么出众之处，甚至常常要防御它们不时发起的进攻，不过后来它们有的与罗马结成了同盟关系，继而一个一个臣服于麾下，从此，罗马才开始了向全世界的征讨伟业。有些学者甚至认为，罗马的母狼很有可能是萨宾的一位本土原始神祇，因为据史料，狼是萨宾人的守护兽。这个民族长期定居在今天罗马城东北地区，一直绵延到奎里纳尔山，这是七座山中最高的一座。还有人说今天卡比托利欧博物馆收藏的母狼铜像，在比例上比任何真狼都大很多，所以并不见得就是罗马的母狼，它既有可能源自希腊，也有可能源自

伊特鲁里亚（特别是他们也旗帜鲜明地指出母狼肚子下的两个双生子形象是到 16 世纪才被加进来的）。也有人指出，在希腊、罗马与动物相关的传说系谱中，狼的象征意象绝大多数不是非常正面的（比如残酷、肮脏、肆意妄为等等），在拉丁语中母狼"Lupa"这个词通常是指职业娼妓［而法语书面语中"Lupanar"（勾栏）这个词就来源于此］。

　　这些说法都不见得错，但对于我们并不那么重要。因为无论是对于罗马城的居民还是罗马帝国的子民来说，这只育婴的母狼只与罗马起源相关的两兄弟传说紧密地联系在一起，与任何其他的狼都毫无共同之处。它就是一种圣物，形象被刻画在神庙与墓葬中、纪念碑与银币上，千年以来已经成为了一尊城市的守护神，永远追忆着罗马的建造者——罗慕路斯与雷穆斯。

◀ **卡比托利欧的母狼铜像**（约前 5 世纪或 12 世纪）

至于这尊世界知名的青铜像铸造于什么时间，仍然是历史学界争论不休的话题。它到底是前 5 世纪伊特鲁里亚匠人的工艺呢，还是像我们最近的研究指出的，是中世纪时期对罗马文物的一个复制版呢？这尊母狼铜像在很长一段时间是被作为喷泉装饰使用的，在 1480 年前后被当时的教皇西斯笃四世捐赠给了罗马城，此后于 1544 年被竖立在卡比托利欧山丘的顶上。同时，著名的雕塑家安东尼奥·波拉约洛将一对双生子罗慕路斯和雷穆斯放在了母狼的腹下，使这整件作品成为了今天看到的样子。这一组雕塑在 1876 年被移交给了位于卡比托利欧广场上的保守宫博物馆。

藏于罗马，卡比托利欧博物馆。

3 —— 伏狼诸圣

◀ **圣方济各与古比奥之狼**（约 1370～1380）

动物与人一样，都是"神的孩子"吗？整个中世纪，神学家们各执一词，激辩得如火如荼。不过，方济各宗的神学家们对此却始终旗帜鲜明地保持着肯定的态度，特别是在亚西西的方济各的教会中更是如此。在传说中，圣方济各如基督一般也出生于马厩中，日后他会向禽鸟传道，并令万兽——哪怕是最令人生畏的猛兽——屈服于圣训之前。

托斯卡纳省皮恩扎市圣方济各教堂壁画，克里斯托弗洛·匹诺曹绘，内容以圣方济各的生平为素材。

《圣经》中很少提到狼的话题，统共出现不超过二十次，而且通常只被用在比喻或对照的修辞手法中。在正统叙事中，狼从来没有过哪怕一次真身出镜的机会。不过，从自然生物史中我们了解到，在"圣经时代"的巴勒斯坦地区，狼可是非常活跃地存在着的。而且在《圣经》记载中，从来也没有把狼看作人类的一种致命威胁。只有他们放牧的羊群是狼的贪婪与野性的主要受害者。狼是牲畜（特别是绵羊）永恒的天敌，所以也是牧羊人要严阵以待的对象。这种恶兽为了达到目的会用上各种机巧手段，或是披上羊皮，或是假扮牧羊人，以便让自己顺利混到羊群中间。但这种行为，使它更成为了"伪先知"的象征，不惜粉饰矫作，乔装改扮，一心将上帝的"羊群"引入歧途。所以，狼是羊羔的敌人，也就是上帝的敌人。直到弥赛亚使世界得到救赎之后，才会达成神与狼的和解，《圣经》曰"豺

▶ **圣犹士坦的儿子被狼掳去**

沙特尔主教座堂中有一片最引人注目的彩绘玻璃，上面的图像讲述了圣犹士坦的悲剧故事。圣犹士坦自从在树林里遇到角挂十字架的雄鹿后，皈依了天主教，不得不逃到埃及去，但他不幸被海盗抓住，被当作奴隶卖掉，从此与他的妻子天各一方。后来他带着两个儿子半路逃脱，却在一次渡河的时候把两个儿子都丢了，一个被狮子捕去，另一个落入狼窟。经过了无数艰难险阻的试炼之后，一家人最终得以团聚，但是圣犹士坦则没有逃脱殉教的命运，被锁在一尊铜牛里面火烧而死。

沙特尔市圣母大教堂，第43窗列，第11窗。

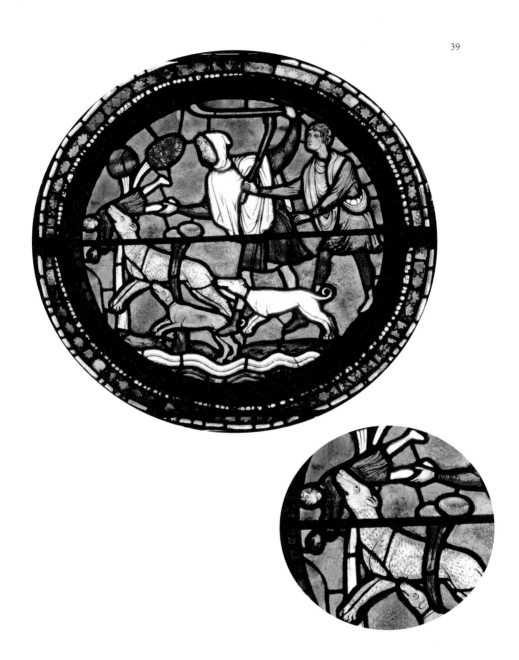

39

伏狼諸聖

Le saint plus fort que la bête

狼必与绵羊羔共居"（《以赛亚书》11.6），"豺狼必与羊羔同食"
（《以赛亚书》65.25）。这基本上就算是《圣经》中所有提到狼
的条目综述，可以说相当吝啬笔墨了。

到了中世纪早期，在教会神职人员与职业作者的笔下，有
关狼的记述更多，也更加令人不安。狼不再仅仅作为一种譬喻
对象存在，而是成为了一种有血有肉的真实猛兽，它们袭击人
类、抓捕人类、屠杀人类，以人类为食，真正具有了实质性的
威胁。读了这些作品，我们看出在这个时期它们已经被视为一
种祸患，是构成乡村日常生活中可能遇到的主要危险之一。有
些作者，如5世纪的奥古斯丁或是加洛林时期的赫拉班·莫尔，
都将它们写成令人生厌、秉性乖张、凶猛残暴、嗜血善杀，可
谓神创造的最恶劣的造物。在这样的宣传抨击下，狼被树立起
了一种完全消极负面的形象，这种印象一直持续到19世纪。从
此，我们就彻底告别了古希腊神话中只袭击牲畜，作为神的驱
使御兽以及人类守护神灵的那种狼的形象。同样也告别了《圣
经》中虽然对人有害但多少不出于主观本愿，且距离生活很远
的那种狼的印象。到了4世纪至10世纪之间，"大坏狼"的形
象诞生了，甚至出现了令人毛骨悚然、谈之色变的巨型凶狼的
传说，只剩下了贪婪凶残、恐怖骇人的部分。为什么会出现这
种改变呢？

研究者们提出了很多种假说。首先有说法认为狼种发生了

狼与狮子分头掳去了圣犹士坦的儿子们（1348）

圣犹士坦失去儿子的场景，在沙特尔大教堂的彩绘窗上是分为两块描绘的，但在这本书的插图上，则合并成了一幅：狼和狮子各自张着血盆大口，衔着各自的猎物向河的两岸分头逃去。狼带走的那个是阿喀皮奥斯（意为"广布施"），狮子带走的那个叫迪奥皮斯托斯（意为"笃皈依"）。犹士坦的手势能够表达出很多感情，既可以视为绝望，也可以看作顺从，也就是说这位圣徒诚恳地接受了上帝加于他身上的考验。

《黄金传说》，雅各·德·佛拉金，巴黎手稿，制成于 1348 年，藏于巴黎，法国国立图书馆，法文手卷部第 241 号，第 288 对开页左页。

变化，这个时期常见的狼不同于古典时期的狼，它们是来自极北之地的外来野兽，体型更大，性格更冷酷，更残暴，而且具有攻击性。另一种主导的说法认为在西方世界或曾长期流行过一种狂犬病，让狼的性格发生了大变，使它们丧失本性，变得凶险起来。最后，也是今天被最广泛接受的一种，说主要是因为人类对生存环境的管理远没有古希腊、古罗马时期那么严格有效。5 到 11 世纪之间，气候变化剧烈，饥荒瘟疫频仍，人口规模骤减，绝大多数的农地长期无人耕种，大大小小、疏密不一的森林、沼泽和荒原迅速蚕食着人类的发展空间。因此，同样饿着肚子的野生动物与人的距离越来越近，在村落周围游荡，开始与人类争抢空间与资源。对于狼，这种生理上的恐惧是逐渐出现的，随之而来的是对狼这个物种态度上和情感上的巨大变化。看待狼的角度完全转变，且转变得颇为极端：它们成了人类生存的一种致命威胁，必须要殊死与之抗争，不仅是要消灭肉体，还需要在象征意义上将其抹杀。

为了做到这一点，当时的人们用尽了各种手段。国王与王公们建立了"猎狼局"，地方领主们也组织了"打狼团"，各地都以最大限度地杀灭狼只作为重点推动的工作来落实。而历史文献的书写者们（主要是神职人员）将狼列入了魔鬼的御兽动物圈子中，于是，狼就在熊、乌鸦、公羊、蛤蟆、黑猫等动物之间迅速占得了属于自己的一席之地。人们为它们赋予了一长串的恶习，最主要的是狡猾、放纵、残忍与贪婪。在中世纪绝大多数神职人员的心目中，对狼的印象首屈一指的就是布满尖牙利齿的一张血盆大口，正与地狱的无底裂口深坑一模一样。

也正是基于这种原因，教会的圣徒传记文献都极力向信徒们展示并承诺，上帝的子民永远拥有能胜过最野蛮凶残的猛兽之力。在传道时，这些传记中记载的神迹经常被反复传诵，有些是赞美某位圣徒战胜了恶狼，使其驯服并归还其窃得之物的故事，有些则是描绘他们如何将狼感化成为坚定的护法使徒，或是在通往苦难的路上拦阻罪人们，给他们指引正确的方向，或是直接成为信徒们忠实的伙伴。比如，圣诺伯特让狼自愿去看守修道院辖区牧民们的羊群。一开始，这匹狼凶恶地咬死了牧羊犬，但是在圣徒神圣法度的感召下，它不得不自愿承担起那只牧羊犬未竟的事业。还有，圣马洛也有类似的故事，他在远游修行的旅途中带了一头骡子来扛行李，但是一匹饿狼暗中跟踪他们，最终吃掉了骡子，圣徒也是利用神圣法度命令那狼接替骡子来扛他的行李。这个故事在阿尔图瓦和蓬迪厄也有流传，内容基本不变，但主人公则换成了圣欧斯特雷贝尔特。在维涅森伯国流传很广的一个故事中，圣冉隐修士在田地里耕作的时候，一匹狼突然出现，咬死了拉犁的耕牛，于是这位圣徒就命令狼从此替那头牛为他耕地。同样的故事，与前面的几个例子同样地被复制到其他的各位圣徒身上，只不过有的时候登

圣布莱斯驯狼听令（1345～1350）

塞巴斯特主教圣布莱斯的一生充满了各种各样的神迹。比如一匹狼从一位寡妇家里偷走了她的唯一财产——一头猪崽，在圣徒的命令下，狼不得不归还了赃物。在图中，烛火的存在提醒我们这位圣徒的瞻礼节刚好是在圣烛节的转天，也就是2月3日。

《史鉴》（让·德维涅译本）手卷及插画，博韦的樊尚编著，誊制于1345～1350年间，藏于巴黎，阿瑟纳尔图书馆，手卷部第5080号，第230对开页左页。

场的野兽不是狼，而是熊。

比如圣劳莫的故事，他从狼的口中救下了一只母鹿；或是圣布莱斯要求一匹狼将它从贫穷寡妇家里偷走的唯一财产——一头猪崽——归还回去。我们还要特别提一句圣埃荷威的故事，因为在布列塔尼的很多教堂中都立有他的圣像，他是个盲人，他的导盲犬被一匹狼咬死了以后，他要求那狼代替犬来引导他，而那狼顺从于他，并和他成为了相伴一生的伙伴。西方各地流传有无数这样的故事，都是为了告诉大家，上帝与他的圣徒们是如何面对魔鬼和它的帮凶们并百战百胜的。

圣卢普（Loup，卒于 479 年）的故事与上面的几个都不太相同，他是图鲁瓦的主教，圣日耳曼德奥赛尔的传教团成员，长期在英格兰地区传教，后来被匈奴王阿提拉俘虏，他的名字就是这种野兽的名号。"卢普斯"源自古罗马的常见姓氏，实际上在天主教传播的早期是非常常见的一个教名。自古以来，关于他的圣徒传记文献就巧妙地利用这个与动物同音同源的名字，来反转其中可能出现的象征意义，将他的形象塑造成一个镇压邪恶力量的圣徒：卢普成功地抵御了被称为"上帝之鞭"的匈奴王阿提拉，又刺死了巨兽与恶龙，保卫了自己守护的城邦。他同样也展现出了很多的神迹。他的英名、信仰与瞻礼节日（夏至刚过的 7 月 29 日）为基督教会在香槟地区的全面胜利立下了汗马功劳，他的影响远不止于此，还有很多民间

圣卢普（18 世纪上半叶）

卢普（395～479），圣日耳曼德奥
赛尔的传教士，后来任图鲁瓦主
教，以抵抗匈奴王阿提拉，保卫
其守护的城邦而闻名，在他的教
区，他显现了诸多神迹，特别是
神通的医术。他的名声与信众遍
布整个高卢地区，直达遥远的阿
莫里凯，与伟大的圣埃荷威齐名，
后者往往为受狼和其他野兽侵害
的人祈祷庇护。

木雕像，位于滨海阿莫尔省郎卢市，
圣卢普教堂，建于 1720～1740 年。

信仰与祭拜仪式都会以狼为主神，以祈求狼性能够安详平静，多多赐福。这个故事再次为人们证明了圣徒拥有比野兽更强大的力量。

但是，在这些圣徒传记中最为出名的故事，应属古比奥的狼的故事。在意大利的翁布里亚地区，出现了一只巨大无比的恶狼，力大无穷，凶残嗜血，贪得无厌，把城市和整片地区都搅得人心惶惶，鸡犬不宁。亚西西的圣方济各（1181～1226）听说了这个天降灾祸，立刻赶来与这只猛兽对峙，并向它传授天主教的圣训。方济各称它为"狼啊我的弟兄"，指责它行为偏离正道，并理解它做出此种举动只是出于饥饿难耐，可以接受救赎。随后，他要求狼与古比奥的居民们缔结一份和平协议，作为回报，人们将承诺为狼提供食物。这样，恶狼大张着的口合上了，将头伏在地上，跪在圣徒面前，示意对于天主的完全顺从。后来，协议双方都信守了各自的诺言，古比奥的居民们定期给狼送上一定量的食物，而狼也在他们中间和谐地生活，其乐融融就像家庭中的一员，更成了守护城邦的功臣良将。当最终老狼年迈去世之后，全城老少都不禁流下了难舍的眼泪。

是杀光屠净，是指为妖魔，还是降伏归化，中世纪在与狼的争斗中最常用的策略无非这三种，更重要的目的还在于弱化并控制其引起的恐慌（无论是真是假）。但单做到这样还不够。到了封建社会时期，教会人员找到了另外一种消弭其危险恐怖

的影响力的招数，就是戏弄它、侮辱它，让它成为一种滑稽的笑话。这就是动物寓言与民间故事的作用了，特别是在《列那狐传奇》的故事中表现得最为突出。我们在后文里会专门写到。

◄ **牧师给一匹濒死的狼行圣餐仪式**（1220）

《爱尔兰地形地貌》是目前我们能见到的文献中关于爱尔兰最早的著述了，这本书由威尔士的杰拉德结集于 1185～1188 年前后，是英王亨利二世征服爱尔兰岛之后的献礼之作。作者主要记载了爱尔兰本土的地理与历史知识，但同样也整理了很多的当地民俗与风土传说。书中的很多章节提到了狼人（loups-garous）这种生物，比如在奥索雷教区一章中，有这样一个故事：一位牧师遭遇了一对不愿伤害人的狼，它们向牧师解释自己曾是虔诚的基督徒，但遭受了诅咒被变成了狼，而且不得不维持狼的形态七年之久。雄狼恳求牧师为生病濒死的母狼行圣餐仪式。

出自《爱尔兰地形地貌》，威尔士的杰拉德编著，英国手稿，约成书于 1220 年，藏于伦敦，大英图书馆，皇家卷宗 13B，第 8 卷，第 18 对开页。

4 —— 动物图卷中的狼

◄ **狼与小羊**（约 1345～1350）

中世纪的百科全书中关于狼的记载与在动物寓言书中所述没有什么区别。狼就是被定义为一种以掠食为生的食肉类动物。它们最钟爱羊肉，特别是小羊羔，那温软的肉体会强烈地激发起它们的食欲，并刺激其凶性。在这幅画作中，作者通过配色将野狼的深色灰袍与它的猎物那洁白无瑕的绒衣形成了一种鲜明的对照。

《天然花卉绘卷》，雅各·范·迈尔兰，约于 1345～1350 年间成书的弗拉芒手卷，藏于海牙，荷兰皇家图书馆，手卷部第 16 号，第 62 对开页。

　　从中世纪流传下来的书籍中，有大量与动物有关的专著，比如各种动物学百科全书、狩猎指南、寓言汇编、兽医研究、农艺、养鱼、饲马的技术手册等等。但在这些领域，这些书都算不上真正有创见的前沿之作。希腊、罗马古典时期的人们已经有过很多类似的著述了，在某些领域还出奇地多。但是有一种文学形式是专属于中世纪的，在 12 到 13 世纪那段时期非常盛行，特别是在法国和英国，那就是动物寓言书，这些"动物之书"看上去就非常吸引人，里面的内容也绝非针对某些物种进行自然科学方向的研究，而是以它们作为某些特定意义的象征载体，目的是通过其体现出道德与宗教的教育意义。

　　这些动物寓言书无论是以拉丁语编著还是用各种方言写成，都不可能被当作自然史的研究对象，至少不是我们平常所理解的历史研究的对象，但是这些作品表面上说的是动物的故事，实际上的目的却是用一种更加生动的方式去讲述神的故事，去影射耶稣、圣母的事迹，更多地则是抨击魔鬼、恶灵以及尘世中的罪人们。这些寓言的作者绝大多数都是匿名的，他们编写出的故事也都有所依托，或是脱胎于《圣经》故事，或是来源于著名圣徒，也有的参考亚里士多德、普林尼等古典时期的文学家的作品，以显得作品真实权威，类似经常被用作参考的古人还有埃里亚努斯、圣依西多禄等。从 12 世纪开始，这些动物寓言书的影响力开始在社会的不同领域多点开花，无论是在布道、文学、画作、雕塑的图案、民间传说与寓言、《列那狐传奇》、民谚还是武器的纹章上都能见到这些题材。

在我们能够搜集到的所有动物寓言书中，狼都被塑造成一种代表负面形象的动物，懒惰、残忍而狡诈，完美地代表着它的主人——地狱恶魔——的形象。比如，它从来都是顺风行动，以便让猎狗嗅不到它的行踪；再比如，当它嗥叫时，会把爪子拢放在长嘴前，以便把声音放大，令猎狗们以为有一群狼在一起行动。它们也会传播狂犬病，就像犬类一样。12世纪末英国的一位作家写道，被狼咬伤是会中毒的，因为狼很喜欢以癞蛤蟆为食。但是它们最钟爱的猎物还是羊羔。要实现它的目的，狼会施展各种诡计：比如它会把绵羊皮整张披在背上，乔装混入到畜群中间，挑出其中最软嫩的小羊羔叼走。不过，如果没有东西吃的话，狼也是很能餐风饮露、忍饥挨饿的，但是这指的是真正的没有任何食物可吃的时候，因为狼的贪得无厌是很可怕的，它们跟其子辈抢食物是平常事，饿极了连自己的幼崽都吃。相传在所有类型的动物肉中，狼最偏爱吃人肉。它们喜欢一口吞掉一个小孩子，特别是就像在经典童话故事《小红帽》中描述的那种小女孩，碰巧我们现在看到的最早的一个《小红帽》版本就是在大约公元1000年前后流传于比利时列日地区的。

它们在饥饿的时候就会变成疯狂的凶兽，而在吃饱了以后呢，反而会表现出胆小而慵懒的一面。但有时它们仍然会单纯

狼与牧羊人（约 1200～1210）

封建时期特有的大开荒运动使狼与村庄、农田之间的距离不再遥远，所以关于它们的真假参半的流言也自然成倍增加。有些说法将狼说成是最偏好人肉的食人兽，特别是婴儿最对其口味。打狼行动参与得最积极的人群，自然是农民了。于是狼也就相应地回报在羊群身上：在夜深人静之时，狼群悄无声息地接近羊圈，想尽一切办法渗透进去。一朝得手，它们就表现得异常贪婪嗜血。

拉丁语编撰的一部动物寓言书。于 1200～1210 年制成的英国手卷（流传发现于杜伦），藏于伦敦，大英图书馆，皇家手卷部第 12 藏室 C，第 9 卷，第 19 对开页。

为了作恶而作恶，比如相传当它们把小羊羔或小牛犊诱拐到远离畜群的地方，会用尽方法凌虐折磨它们，发泄完了才将它们撕成碎片，连骨带肉一起吞下肚子；这就正和宗教传说中关于恶魔的描述一致，它们对死去的人与僧侣就是这样处置的，要在各种折磨凌辱之后才会扔进地狱那黑洞洞的裂口。基于它凶残与凶恶的形象，相传狼从来不会根据自己的食量来捕杀猎物，而是毫无原则地屠杀滥杀，这就让人想到那些纯粹出于贪得无厌而对村里的穷人们洗劫的大爵爷，他们明明根本就不需要这些穷苦人的任何东西。

很多当时的作者都添油加醋，绘声绘形地描述狼的声音是多么骇人，以及夜里它们的眼睛是如何像鬼火一样的闪光。狼的视觉是它六感中最发达的，对它来说也就成了最有效的一种武器。在动物寓言书中，总会写到关于人偶然遭遇狼时的场景。如果是狼先见到了人，那么人就会瞬间呆若木鸡，手足僵硬，丧失了一切自卫能力，只能听任宰割。反过来，如果是人先见到了狼，那么狼就会丧失掉所有的勇气与攻击性，灰溜溜地转身逃窜。

对狼进行解剖学上的分析，似乎能够验证这故事里说的的确不假。狼的颈部既窄又僵硬，它们要想扭回头去，就得整个身子扭回去才能做到。这是它们与其他动物作战时的一个致命弱点，特别是熊，这是它们最常见也最强大的敌人，一头熊往往能够轻易战胜由二十乃至三十匹狼组成的狼群。在 13 世纪一

狼的诡计（约 1260～1265）

狼不仅凶残贪婪，它还出了名地狡诈。中世纪动物寓言书中历数了它混入畜群的各种诡计：或是模仿母羊（也有时是牧羊人或牧羊犬）的叫声，或是装扮成绵羊（甚至羊羔，也有时扮作牧羊人）。它们还会用爪子在嘴前拢音，让人们以为是很多狼在共同行动。狼代表了恶魔的形象，恶魔同样也是诡计多端，擅于引诱僧侣的灵魂，并乐于征服那些最软弱且慵懒的人的。

拉丁语编撰的一部动物寓言书，于 1260～1265 年制成的英国手卷，藏于巴黎，法国国立图书馆，拉丁手卷部第 3630 号藏品，第 80 对开页右页。

位冈丹普雷的托马斯神甫编撰的《多明我教会百科全书》中，说狼的脑容量是随着月亮的圆缺增大和萎缩的，狼在晚上就神通广大，而白天则很脆弱无助，所以要想打狼，首选白天。但狼并不是什么理想的猎物：狼肉一点儿都不值钱，狼皮也好不到哪儿去，因为狼浑身都是虱子和各种寄生虫。不过狼那弯曲带钩的尖锐犬齿则是非常受欢迎的饰物，人们相信这能赋予佩戴者十倍的力量。反过来，如果踩到了狼的尸骨，则会造成瘫痪或残废，不仅对人如此，对于驴子、牛、马也都有这种效果。狼尾巴具有非常特殊的功用。狼能凭后脚直立起来，全是靠着尾巴才能保持平衡，一只直立起来向人猛扑的狼往往是最吓人的。但是如果割掉了它的尾巴，狼就变得失去攻击性了。很多人都会用狼尾巴作为战利品或是当作护身符，因此狼在被猎狗追得狠的时候，传说会自断尾巴以求逃命。

在某些动物寓言书中，有过这样的记载：公狼在其父亲还在世时就不能生育，母狼在其母亲未过世前都不能分娩。这是为了解释为什么某些地区的狼数量会比其他地方相对少很多——因为这里的狼寿命太长，所以后代自然少了。另有一些记载强调狼从来不在距老巢很近的地方找食吃，以免幼狼们受到报复；这也就更好理解为什么在没有狼定居的地方，它们反而更加常见。在中世纪晚期，狼的这种行事风格给人们一种审慎的象征意象，这可能是与这种猛兽相关的唯一正面象征了，当然居主流地位的还是奸猾、暴戾、凶残、贪婪、无耻，还有悭吝。

　　到了 13 世纪，这种动物寓言书越来越多地是用地方白话方言写成的了，话语更具音乐性，如散文般具有诗意，但在具体内容上还是与拉丁文的记述不无二致。在法国，神学家李察·富尔尼瓦誊下了目前仅存的一套法语原版的动物寓言书，在当年确曾风靡一时。他是个藏书家，目前索邦大学图书馆珍藏善本书中的核心部分都是他的私人书库中的藏品，因此他的研究领域也就五花八门、无所不包。在 13 世纪中期，这位博学家开创了一种全新的动物寓言作品，来专门研究动物与其象征意义，那就是《动物言情寓言书》。李察从传统文学中赋予各种动物的"属性特征"入手，不只从中提炼升华出伦理或宗教的意义，还进一步地演绎出彼此间的感情关系，甚至延伸到谈恋爱中的策略。如何征服女性？如何紧紧抓住爱人的心？在你试图做到以上两点的时候，哪些错误是坚决不能犯的？或者反过来，如何抵御情欲的诱惑？如何识破渣男和浪子？对于每种动物的传统习性体现在情感行为中会是什么样子，作者都设计了一个或多个爱情故事进行阐释，男女都有涵盖。13 世纪中期最为人津津乐道的宫闱秘史钩心斗角的桥段，在这些故事中被演绎到了极致。这里我们摘录了其中一段，在书中，爱情中的女人被比作狼（！），除了拉丁语动物寓言书中所描述的那些关于狼的题材之外，作者特别指出为什么在恋爱的竞逐中永远不要

狼的全身皆可入药（1180～1200）

从古典时期直到 18 世纪，狼都居于药用价值极高的动物之首。它身上的每个解剖学意义上的器官或元素都可以产生很丰富的药用奇效。狼身上的油脂与胆汁能够缓解各类疼痛；狼肝晾干后磨成粉就是包治百病的万灵药；狼的排泄物敷在眼睛上可以明目；把狼的肠子缠在腰上可以缓解跑肚拉稀；吃下狼心能够获得勇气；烹食狼鞭当然就可以提高性能力，并治疗不孕不育。历史上开出的大多数这样的药方，不仅局限于旨在治愈各种各样的疾病，更多地还是希望获得狼身上的某些特别的能力，比如灵活性、速度、耐力、勇气、旺盛的性能力以及敏锐的视力。

《动物药典》，塞克斯图斯·普拉希图斯，约于 1180～1200 年间成书的英国手卷，藏于牛津，牛津大学"饱蠹楼"图书馆，手卷部阿什莫第 1462 号藏品，第 41 对开页右页。

遭遇恶狼（约 1290～1300）

当人偶然遭遇恶狼，那么可能出现两种情况：如果是人先发现的狼，狼就会逃跑（如左图）；若反过来是狼先发现了人，那人就立刻呆若木鸡，只能任其宰割（如右图）。这种说法是所有中世纪动物寓言书形成的共识，而且，这也只是对于普林尼、埃里亚努斯、索利努斯等这些古典学派哲人们观点的摘抄。所以说狼是一种与注视还是被注视具有直接相关关系的动物。

《动物言情寓言书》，李察·富尔尼瓦，约成书于13世纪末的巴黎手卷，藏于巴黎，法国国立图书馆，手卷部第1951号展品，第3对开页右页。

做首先承认的那一个。作者向女士吐露了他的意见，他说：

> 狼的天性是这样的，如果是人先发现了狼，而后狼才意识过来的话，这个野兽就会失去全部力量和勇气。反过来，如果是狼先发现了人，那么人就会突然失声，连一个字都喊不出来。我们在男女之间的情爱纠葛中也能清楚地发现这种现象。因为，如果一对男女之间爱意已萌，如果是其中的男性首先发现女性已经恋上了他，而他也足够机灵能够有效地向她表白的话，女性会立刻丧失掉拒绝爱情的能力的。但可惜我不行，因为我焦急难耐，我等不及要向您袒露我内心真实的爱意，即使您逃避着我热切的目光，您拒绝承认已经给了我的爱，即使我还看不出一点儿您心里的打算，这次我想我是被您看穿了，而且像狼一样，我已丧失了表白的能力。

以上这些就是我们能够从中世纪动物寓言书中知晓的关于狼的事情。很显然，这里面的很多说法在我们看起来都很好笑，有些简直荒诞不经，至少也是经不起推敲。我想我们在这点上有些误会。因为写出这些文章的作者身处于他们自己的时代，和我们所处的时代大异其趣，我们今天所熟知的哪怕是最显而易见的动物学常识，在当时很有可能也被视为可笑的荒唐观点。这种现象并不稀奇，关于信仰和科学知识的历史都是有这种时代性的。

以羊羔为饵捕狼（约 1400）

贾斯东伯爵编著的《猎书》中描述了多种"擒狼术"：下网、圈套、陷坑，还有像这张图像中介绍的——树墙。猎手在一圈圈环环相扣的圆形栅栏中心藏下两种诱饵：一只活羊羔、一块生肉。狼听到羊羔的咩咩叫声，嗅到鲜肉的味道，自然会循声而来，通过一扇小门钻进树墙，它只要一进去，小门就会自动关上，形成了一个铁桶一般的迷宫囚笼，树篱都相当高，被陷进陷阱的狼就再也无法自己转出来。

《猎书》，贾斯东·菲比斯，图出巴黎手抄本（约 1400），藏于巴黎，法国国立图书馆，法文手卷部第 616 号展品，第 110 对开页。

5 —— 搞笑担当的狼
—— 伊桑格兰

Ysengrin : un loup pour rire ?

◀ **列那狐与伊桑格兰装扮成僧侣重归旧好**（1285～1290）

列那狐多次与伊桑格兰假意重修旧好，而绝大多数也正是它酝酿着新一波恶作剧的前奏。

这幅图中展示的是列那狐将伊桑格兰骗进了一家修道院，它假惺惺地向舅父吐露心迹，"要更加珍惜人生中的每一天"，并和灰狼进行了宣示和平的拥抱。

《新抄〈列那狐传奇〉》，雅克玛·日野雷，该文献是1285～1290年间誊抄于阿拉斯的一个版本，藏于巴黎，法国国立图书馆，法文手卷部第25566号藏品，第128对开页。

　　《列那狐传奇》并不是一份连续完整的文本，而是由二十七篇基本独立成章的散文诗组成，被后世的学者统一编成的集子，这些诗篇大多不长而且篇幅不等，在形式上似乎是对于古早"武功颂"或宫闱传奇文学的业余模仿之作，主要描述列那狐——一只诡计多端且唯恐天下不乱的狐狸——的冒险故事。每一首八音节律诗称为一"节"，内容围绕着一个主干情节或是与之相关的若干分支剧情展开。组诗中最古老的几篇差不多写成于 1174～1205 年，这些篇章构成了一套相对紧凑的故事内核；其他几篇与主线的关联则不是那么连贯，大约是在 13 世纪早期被加入到组诗中的。这组叙事诗编撰时间长达两个世纪，涉及三代人二十多位神职文官参与，内容集中围绕着狐狸列那

▶ **狮王诺博尔与它的宫廷**（约 1290～1300）

《列那狐传奇》这部作品中展现的动物社会是欧洲封建社会的一个缩影和漫画化表现，主要人物有国王、臣僚、地方王公以及小豪强。狮子名叫诺博尔，它是国君，是手持权杖、头戴皇冠、端坐王位的威严形象。我们在这张图中看到的是一次王公议会，正在对劣迹斑斑的列那狐进行审判，图中我们基本可以看到它宫廷中的全部廷臣：灰狼伊桑格兰（陆军元帅兼宫廷总管）、雄鹿布力什梅（内务大臣）、驴子伯纳德（大主教）、雄鸡尚德克勒、公牛布辉扬、绵羊伯兰。在第一排的似乎是母鸡聘特，这应该就是由于狐狸吃了聘特的姐姐而对其进行审判的场景。

《列那狐传奇》（编制于巴黎或阿拉斯），13 世纪末的手稿，藏于巴黎，法国国立图书馆，法文手卷部第 1579 号藏品，第 1 对开页。

与灰狼伊桑格兰的斗争展开，除了它们以外，与它们相关的所有动物形象的性格设定也都基本稳定。

这些动物构成了一个栩栩如生的社会形态，完全是模仿人类社会的组织架构建设起来的。每个物种都选出一位有名有姓的作为代表，给它们起的名字都很有讲究，有的与其样貌形态相关，有的则与其在传统中的象征意义相关。狮子的名字叫作诺博尔（Noble，高贵），熊是博伦（Brun，棕褐色），雄鸡是尚德克勒（Chantecler，歌唱师），公牛是布辉扬（Bruyant，吵闹）。而灰狼名叫伊桑格兰（Ysengrin），身份为皇家近卫军的首领，这个名字出自古日耳曼语，现在已经很难被解读了，有可能表示"铁头盔"或是"鬼面具"的意思，它的太太是母狼赫桑（Hersent）。在诺博尔国王和它的王后周围，这些动物组成了一个完整的宫廷体系，有王爵，也有各路封臣，有些更是被任命为了非常具体的官职，比如狼作为陆军元帅兼宫廷总管，熊是御前神甫，野猪是掌玺大臣，雄鹿是内务大臣，而猴子则是个弄臣。动物们被设计成人模人样，口说人言，但却保留着各自身为动物的传统性格特征。

而作者将动物特性与人格化的性格举止巧妙融合，正是这部作品所呈现出来的高超艺术手法。狮子国王威风凛凛，高傲宽容，但也喜怒无常，非常不接地气。它的王后费耶（Fiere，傲慢）夫人一身的贵族气质，行动举止体面大方，但是目中无人、傲慢愚蠢。熊则是粗枝大叶，话痨而且嘴馋。至于灰狼，它的形象则是蛮力与愚蠢结合于一身的产物，结果就是最常被狐狸耍得团团转的可怜虫，狐狸用来耍它的手段可以理解为利用智慧来对单纯靠力量的霸凌进行报复。母狼并没有比公狼更明白些，而且它还是轻浮放荡的一个泼妇形象。它主动与狐狸私通，而事后却又反咬声称自己被强奸。列那狐在这些动物中永远是聪明机警的化身。虽说有时候在弱小动物之间可能会偶尔丢脸，但面对强大敌人时，它从没败过。如古典时代寓言中狐狸给人的传统印象，也如 12～13 世纪流传的绝大多数动物寓言书或百科中描写的一样，列那狐仍然是狡猾且不择手段的。

尽管这些诗篇是由神职人员采编成集的，但是这部传奇作品中却并没有对于教会或是教徒生活的叙写，更多地则是展示了一幅乡村市井民风生活的画卷。这套作品中选取出来的那些动物群落并不是教会或是教廷惯常所感兴趣的，也基本很少在城市的日常生活中出现，主要都是农村生活中的常见动物，并加入了一些能够通过书本知识了解的野生动物。也正是因此，这组诗篇为动物的文化史研究提供了与动物寓言故事或动物学、神学系统中记录的内容完全不同的信息资料。

这一层面我们可以从对狼的看法中有所感觉。在拉丁时期

列那狐与伊桑格兰的决斗（约 1290～1300）

尽管伊桑格兰与列那狐有着一层甥舅关系，但列那狐从来也没有对它表现出尊敬，而且经常用尽鬼心眼来嘲弄它，狐狸甚至还与它的妻子赫桑私通，并被指控为强奸（后来证明是母狼主动的）。灰狼要寻求报复，而双方决定以骑士马上决斗的方式解决这次丑闻的争议，在战斗中列那狐（图左）刺伤了伊桑格兰。

《新抄〈列那狐传奇〉》，雅克玛·日野雷，该文献是 13 世纪末誊抄于法国北方的一个版本，藏于巴黎，法国国立图书馆，法文手卷部第 1581 号藏品，第 6 对开页。

▶ **莫佩尔蒂攻城战**（约 1320～1340）

在犯下无数罪行之后，列那狐逃到了自己的封地莫佩尔蒂，它在那里建了一座城堡。狮王诺博尔决定攻打它的城池。讨伐大军由三位强大的领主率领，它们分别是陆军元帅灰狼伊桑格兰、它的副手猎犬卢奈尔，以及时不时显示出机智，程度与狐狸不相伯仲的花猫蒂博尔。

《列那狐传奇》，该文献是约 1320～1340 年间誊抄于法国北方的一个版本，藏于巴黎，法国国立图书馆，法文手卷部第 12584 号藏品，第 15 对开页右页。

的动物图书与大百科里，为了诠释与构建宗教象征性的需要，我们看到狼被塑造成一种令人生畏的动物，因会食人肉，因此对于人类是一种威胁。所有人都应该望风而逃。而在《列那狐传奇》中，正好相反，灰狼伊桑格兰成了愚蠢好笑的兽类，非常容易被怒火和仇恨蒙蔽，乃至于狐狸每次挖出一个坑，它总是会跳进去。它更多地表现为受害者的形象，总是被嘲弄、羞辱，吃上一顿暴揍，甚至有时候还会被切掉些像尾巴这样的部分，被猎人剥掉皮钉在板上，但却很少有人会去同情它，因为毕竟它的行为举止也是荒唐可笑的。与这部作品中包括狐狸在内的绝大多数动物一样，伊桑格兰无法引起读者的心理共鸣：它野蛮、凶残、易怒、善妒而且愚蠢。不得不说伊桑格兰的人

格形象还是蛮正派的，通常在矛盾冲突中是占理的一方，但没人会喜欢它，也没人会尊重它，连它自己的老婆赫桑也是一样。这首先是因为它长相太丑恶了：高大、黢黑、肮脏不堪、骨瘦如柴，尾巴又细还没有几根毛，相形之下狐狸是非常漂亮的，浑身皮毛柔滑如丝绸，色泽华丽，尾巴大而蓬松，甚至比身体还长。而列那狐却是个浊世浪荡子的形象。

　　与《圣经》中记载的狼，以及教堂神甫们编写的动物寓言书中描写的狼的形象截然不同，伊桑格兰是个狭隘而愚蠢的野兽，一点儿心计都没有。它在寻找食物的努力中屡屡受挫，因此常年都是饥肠辘辘，尽管它的官职是皇家军队的首领，但它个性优柔寡断而且懒惰至极，根本不知道如何指挥军队，更不知道如何攻打城池，基本上在任何一场战役中都没有取得过胜利。尽管性格充满缺陷，行事也不检点，但伊桑格兰有两个别人无法比拟的特质：一是它完全忠于狮王诺博尔的王权，二是它具有强烈的家庭观念，在妻子遭受狐狸强奸后站出来捍卫自家人的名誉。而它同样也是个遭遇妻子不忠的丈夫，这个题材在那个年代的韵文叙事诗中非常多见：伊桑格兰的妻子赫桑是个水性杨花的轻佻妇人，它口中的被列那狐"强奸"实则是二人私通，甚至应该说是它挑逗在先。

　　这种对狼可笑而没那么可怕的形象塑造，并不算是一个情绪的出口，因为一方面这些故事人们乍一看都会相信，另一方面，这也的确反映了当时狼的现实状况。至少在西欧诸国，到了 12～13 世纪人们对狼的确已经没有像公元 1000 年以前那么地惧怕了。这种恐怖的阴云要等到中世纪末期和近代史开端的时候才会重新笼罩这里，并成为在广大的农村地区一直延续至今的永恒噩梦。这种恐惧往往随着各种危机而诞生（包括气候骤变、农业灾害、社会动荡等），一般在经济繁荣、人丁兴旺的时候就会退去。我们今天常谈之色变的"热沃当凶兽"的传说出现在 18 世纪的法国而不是中世纪，并非历史的偶然，而是有着深刻的缘由的。封建时代的乡村生活中，人们更多地害怕恶魔、恶龙、百鬼夜行或是死人回魂，于是狼也就没那么可怕了。唉……但是这种温馨安定的局面持续不了多久。再过二百年，对狼的恐惧会变本加厉地卷土重来，再度统治这片土地。

长期以来，在历史学家眼中，《列那狐传奇》都是一种"大众文学"，并强调其中收集的民谣和口耳相传的民间传说。到了 19 世纪，在法德两国之间爆发严重的民族冲突的时期，这些历史学家在这些口述历史中到底体现了日耳曼民族性还是法兰西民族精神的立场上同样展开了一场口诛笔伐。现如今，专家们基本上达成了共识，认为这部作品首先是一部学术作品，它不仅借鉴了民俗故事，而且融汇了历代口述文学作品和许多模仿古典时期作家的史诗以及骑士文学的故事。最早的几篇诗文比拉丁文版本出现得还早，是用当时法国北部地区、莫桑地区与莱茵兰地区的白话方言写成的，成书年代基本上可以定位在 12 世纪初叶，文中主要内容已经是围绕着狼与狐狸的斗争而展开。与法文第一版内容上最接近的一部作品，我们认为是 1150 年前后弗拉芒修道士尼法赫在今天比利时的根特所作的《伊桑格里慕斯》一书。基本上在《列那狐传奇》中出现的主要人物，在这本书里面无论是从姓名还是人设看来都已经成形了，但主角却将狐狸换成了狼。

这些编撰于 12 世纪，比拉丁文原版更早的诗篇前身，其写作目的无疑是当作笑话搞笑的。文中很大的篇幅都是对史诗文学的歪曲吐槽和拙劣模仿，针砭时弊地嘲弄着封建社会的日常风俗。列那狐的形象看上去很像一个热衷于斗争和反叛的地方小领主，它真正的利益所在是与同时作为它亲戚和邻国领主的伊桑格兰进行长期的领土纷争。作为狮王的诺博尔并不是一位专制的君主，而是倾向于与藩属领主们协商统治的国王。这些领主各自建造城堡，纵马圈地，交相征伐，在内阁议会中告状碾压，在按时朝觐的途中还要考虑觅食，因为整部《列那狐传奇》就是一部"饥馑年月传说"。所有的动物都无时无刻地处于饥饿的边缘，而伊桑格兰则无疑表现得更为明显。

　　总之，在所有的文学作品中，无论是古典、中世纪还是当代作品，狼的形象都是饥肠辘辘的，通常我们都会把"恶狼"与"饿狼"两个词完全替代使用。

6 —— 狼人与魔法

◄ **以狼为坐骑的巫师**（1489）

在去赴巫师集会的路上，那些巫师和巫女可并不只有扫帚可骑的，他们还会驾驭各种各样的为恶魔驱使的动物作为坐骑，比如狼、熊、公羊、黑猫、野猪、各种 A 头 B 身的串种怪兽，还有五花八门的恶龙。

《女巫与女占卜师》，乌尔里奇·魔里托，迄今最古老的刻板制作的《恶魔图典》上的木刻版画。

　　从文化史的角度来看，狼性与人性之间的分野在很长的一段历史时期并不是那么明显的。我们都能看到，中亚的某些民族将狼尊为祖先，并自称为"狼的子孙"；还有在希腊神话中常见的将人变成狼的故事，比如残忍的阿卡迪亚国王吕卡翁；还有时间距我们更近一些的，斯堪的纳维亚战士通过喝狼血、吃狼肉、披狼皮的方式，试图在上战场之前将自己改造成狼，变成所谓的"狼战士"（ulfhednir）。

　　这些变形故事在天主教会主导的中世纪仍然是普遍存在的，最早只是通过口耳相传的方式流传，后来也开始逐渐被记载在年鉴和文学作品之中。在12～13世纪，一些寓言和叙事诗（短小且押韵的小故事）热衷于讲述有关狼人的故事，也就是说在夜间能够变形成狼的男人或女人，如狼一般嗜血善杀。绝大多数情况下，这些生物之所以会变成狼人，基本是魔法诅咒、环境灾害或是非正常遗传病的受害者，也有一些情况是被其他的狼人咬过。但是在另一些情况下，这种变形也可能是出于自愿的，这通常与某些魔鬼信仰中的使命有关。这种变形有的是全身变成狼，有些则是身体的某些部分变成狼，还保留一些人的特征，但都不会长出尾巴。

　　讲述狼人故事的叙事诗中最出名的一篇大约出现于1160～1170年间，关于作者的生平我们基本一无所知，只是隐约知道是一位生活在英国上流社会的法国贵妇，这样的叙事诗，

变狼妄想症（1230～1240）

在一封装帧精美的信函中，出现了一幅这种古怪狼形生物的插画，一手持盾，一手拿着狼牙棒，样貌明显是一匹张牙舞爪的凶狼，抑或是个如封建时代叙事诗中记载的狼人骑士。这个人像中明显突出的男性气概让我们更多地倾向于狼人骑士。

《博韦教区上教皇书》，于1230～1240年誊抄于巴黎的版本，藏于贝桑松，贝桑松市政图书馆，手卷部第138号藏品，第50对开页。

她为我们留下了十二篇，还有一本模仿《伊索寓言》编集成册的寓言集：《法兰西的玛丽》。这篇名为《比斯科拉弗雷》的叙事诗讲述了一个贵族领主的故事，他每周都会神秘地连续消失三天。面对逐渐生疑的妻子，他最终承认了自己是个狼人的事实：当他脱下衣服并精心藏好后，就会变成狼的样子，开始荒野中的流浪野兽生涯，穿上衣服就会变回人形。而这时他的妻子已经勾搭上了当地的一个年轻骑士，她得知此事后就想趁机除掉她的丈夫，于是她在丈夫变狼之后，把他藏起来的衣服偷偷更换了地方，比斯科拉弗雷就这样不得不一直保持着狼的形象，永远地游荡在森林里。一年以后，它掉进了猎人的陷阱，并被拉到国王面前领功，狼人认出了自己过去的宗主，不由自主地鞠躬行礼。国王非常讶异，于是他决定将狼留在自己的宫廷里，慢慢地身边所有人都喜欢上了这匹端庄可敬的狼。又过了一段时间，他的妻子带着新情夫来拜见国王。一见二人的面，狼便愤怒地扑向了他们，并残忍地撕掉了妇人的鼻子，国王从没见过狼显现出如此凶暴的一面，也开始对那妇人产生怀疑。在一番威逼利诱下，他们向国王承认了自己犯下的罪行并将藏起来的衣服还给了比斯科拉弗雷，一穿上衣服，狼立刻就变回了人形。而这对奸夫淫妇最后被判流放之刑，后来他们还是结婚了，生下了个孩子，但却没有鼻子。

　　《法兰西的玛丽》并没有告诉我们比斯科拉弗雷每周必有

几晚要变成狼的原因，也没有提及为什么它并没有和其他的狼族同类一样做尽坏事。狼人的形象永远是象征着地狱和魔鬼的邪恶生物。书中同样也没有说明"狼人"（Garou/Warou）这个词的具体意指，这个词似乎在故事的时代背景中广为人知，但是对于其构词来源却语焉不详，以至于今日我们学界始终争论不休。还有一个谜则是选择"比斯科拉弗雷"作为名字的用意，因为这个词似乎来源于布列塔尼或是昂热地区方言中的某个专有名词。又过了些时日，到了15~16世纪，"狼人"这个词不再仅出现在文学作品之中：我们在神学家、宗教审判所、世俗或教廷法官的卷宗中也越来越多地看到了这个词。因为那时候的欧洲，生活在巫术的阴影之下，人们终日担心着巫师们妄图推翻教会和诸信众的阴谋。

与我们固有的观点相反，对于巫术的迫害并不是中世纪的时代特征。猎杀女巫运动的序幕开端于15世纪30年代，在其后的三个世纪间都一直作为欧洲的主流存在。天主教廷对于追求正统的执着不断变本加厉，推动各国教会四处追杀异端，特别是恶魔崇拜者以及各种各样的怪异生物，狼人就名列其中。如何在狼人还处于人形的时候能够准确地辨认出他们呢？经典的恶魔学专著中提供了很多天机，比如他们多是在人丁兴旺的大家族中养大的私生子，如果你留心他们的大拇指，你会发现他们比正常人的要短粗很多，而他们也会精心地把拇指藏好不

安加马楠岛的犬头人（约1410～1412）

早在古典时代，一些作家就已经指出在世界的某个角落可能存在着一种犬首人身的生物。克特西亚斯、普林尼、索利努斯坚持认为这些生物生活在印度，只会吠叫不会说话，像其他野生动物一样靠狩猎度日。到了13世纪末，马可·波罗坚称他曾在周游世界的过程中见到过这样的一种生物，位置大约是在孟加拉湾的安加马楠岛（安达曼群岛）上，也属于广义的印度区域。"这个岛的居民像野兽一样生活，没有国家组织，也没有任何国王的概念。他们热衷于偶像崇拜，长着狗头、眼若铜铃、满口獠牙。除了他们部落的同族，其他任何生物，包括人，都是他们的食物。"从这个绘声绘色的表述出发，我们看到这位画师把"狗头"画得更加贴近于"狼头"。

《马可·波罗游记》（又名《世界通鉴》或《奇观大全》），是约1410～1412年间誊抄于巴黎的版本，藏于巴黎，法国国立图书馆，法文手卷部第2810号藏品，第76对开页右页。

让任何人清楚地看到；他们的眉毛浓密，甚至连在一起，看上
去就像额头上一道粗重的皱纹；有些狼人在人形时表现为腿臂
手足的汗毛异常浓密，甚至脸和脖颈上也长着厚重的毛发。所
有的狼人都嗓音嘶哑，走起路来是如狼一样跛着脚的样子，这
也有另一种说法，认为他们把灵魂出卖给了恶魔，而恶魔就是
跛脚的，他们也就在步态上与其保持一致了。撒旦以变身成狼
的能力作为对这些信徒的回报，让他们有足够的本事来替自己
在世间散播罪孽，而且让他们得以与贪欲不足的母狼交欢，从
中获得无上的感官快感，同时，还要他们叼走人类的婴儿，用
他们稚嫩的血肉作为给养。有一部分狼人自己原本就是巫师，
研制出了各种神奇的魔法药水或药膏使他们得以完成这种类似
于魔鬼的强化变身。这些魔药的主要用料大多采自于刚死的狼
的尸体或是部分具有象征性的器官与体液，比如鬃毛、犬牙、
骨肉、阴具、尾巴、耳朵、心肝、血液、唾液、脂膏，乃至屎
尿。总之，为了要变成一个凶猛嗜血的狼人，狼身上的一切部

◀ **狼人咥童**（1512）

和女巫事件差不多，狼人信仰和对狼人的猎杀运动从中世纪一直延续到近代时期。
同样地，描绘他们恶行的木刻版画比彩绘图像要多得多，这里就是一幅狼人袭击
一个家庭的例子。这些雕刻版画以书或传单的形式在整个欧洲教会世界广泛传播，
无论是天主教还是新教都积极响应。

木刻版画《狼人》，老卢卡斯·卡拉那赫，约制于 1512 年。

被饿狼袭击的旅人（约 1515～1516）

在版画中很难分辨出所绘作品到底是狼人还是单纯的一匹狂怒的狼。有时我们可以通过尾巴来分辨狼人，因为据说狼人都是没有尾巴的，即使有也会比真正野兽的尾巴短得多。所以我们认为这幅图中绘制的更像是一匹狼。

《旅行中的风险》，老汉斯·威第茨木刻版画，约 1515～1516 年制于斯特拉斯堡。

▼ **在墓场靠墙列队的狼人**（1858）

在比较偏远的法国乡村，对于狼人的信仰一直延续到当代，而且在传说和民间故事中留下了很多供我们追寻的蛛丝马迹。贝里、布尔戈尼或是诺曼底这些地方的农民普遍都相信，到了晚上，很多狼人就会在墓场的大门前排成一列，像履行什么仪式一样，一起向月亮嗥叫，然后再分头去进行各自邪恶的行动，这些狼人被当地人称为"卢平"。而另外还有一些比较胆小或是不愿伤人的狼人，被称为"吕班"。

此图为莫里斯·桑绘制的雕版画，收入他母亲乔治·桑的作品《乡村传说集》，1858 年出版于巴黎。

件和元素都是非常有用的。

　　所以，只有到近现代史时期，狼才真正被视作恶魔御兽中的一员猛将，在之前的中世纪，它们从来不是这种形象。而且恶魔的御兽已经非常丰富了，最常说的是公羊，恶魔祭典的不二主角，其次还有渡鸦，浑身漆黑带来各种凶兆的丧鸟，甚至连狗也是，狗也曾经被视作不洁、肮脏、血统混乱的恶性动物之一。此外还有绝大多数昼伏夜出的动物（如黑猫、夜枭、蝙蝠等），以及皮肤有恶心黏液的动物（如蛤蟆、蛇等），再加上那些用不同动物特征嫁接在一起的复合怪兽（如四脚巨蛇、恶龙火龙等）。我们可以看到，在与魔法相关的文献与恶魔学专著的很多记载中，所有这些动物都曾是撒旦的帮凶，为他祸害人间的计划奔走做马前卒。狼被认为是女巫们最青睐的坐骑，每到周四、周五，她们就会驾着狼在林中交叉的小路间四处奔忙，赴魔祭盛宴。她们固然有些直接坐在狼背上疾驰，但也有些仍是坐在著名的飞天扫把上，手里揪着狼的尾巴，让狼拉着扫把飞奔。有些人会穿狼尿泡做成的袜带，而魔王自己，则如希腊神话故事中的冥王哈迪斯，披上整张的狼皮当作斗篷。于是，狼皮就被传说成具有使人变身成猛兽的魔力，故而会给人带来无匹的力量，当然也包括性能力。

　　魔祭盛会的"安息日"在当时一直被看作一种"黑弥撒"式的仪轨，是对弥撒进行直接逆反的产物，恶魔信众们会古怪

夸张地模仿基督教仪轨中的行事与圣言，起到耻笑和抹黑宗教的作用。而对于狼热爱的绵羊祭品则被替换成了山羊，这主要是因为人们不喜欢山羊，它们的膻臊气味太重，毛也太厚太多，而且它们具有过于旺盛的交配冲动，非常容易令人联想起不洁的魔系生灵。在这种庆典的高潮，参加盛宴的信众们必须列队，逐一亲吻象征撒旦化身的大黑山羊性器或是肛门。黑猫、黑狗或是黑狼有时也可能代替黑山羊的位置，但颜色都必须是黑色的才行。祭仪之后就是集体的酗饮狂欢，有时还伴随着与魔鬼的交媾仪式、生人祭典仪式，以及分食婴儿的仪式。这些最为凶残的食人的信徒大约就是狼人，他们都会非常积极地参与魔宴的祭祀仪式，成群结队而来，并在其中展现出其最为狂野残暴的一面。所以要想刺杀狼人，只能选在大白天的时候进行，必须在他们保持人形时下手。而且很多恶魔学著作中记述过，要想认出狼人并不见得只靠那些外形或特征上已经众所周知的迹象，那些永远与人群保持距离，以及永远不变的忧郁气质也成了指证狼人的"有力"证据。狼人一旦被指认、捉拿，教会就会对其先是一轮严刑拷打折磨，对他施行破门仪式，逐出上帝的宽恕，最后一把火烧光，骨灰还要扬到风中。

当时在整个欧洲大陆，无数男女都被指控为巫师或是狼人，被送上法庭接受审判。但您以为这是在传说中"黑暗"的中世纪吗？并不是，中世纪长久以来承担这种污名真是很没有天理。

这个"猎巫行动"恰恰是发生在 16 到 17 世纪。从此以后，狼人的形象就在宗教审判庭、神职机关以及广大农村的村民当中流传开来，无处不在了。在 1580 年前后，著名的学者、哲学家、法学家让·博丹（同时也是权威的恶魔研究学者），在他备受争议的专著《狂热的魔鬼信仰与巫术》中表示：他不相信自然界中的狼会作恶，所有的恶性都要归咎于巫术，巫师和邪术士是作恶的主体存在，他们会临时借用这些动物的形体，来代表他们做出最血腥、最邪恶的罪行与渎神之举。大约还要过一个世纪，人们才开始对狼人是否真实存在这个问题进行认真的怀疑，又过了一段时间，一些医师将某些类似的生理或是心理的病状总结归纳为一种"变狼妄想症"（lycanthropie），这才标志着猎狼人运动逐渐消失于历史舞台。

von ende   von brandenstein   võ wolffstein

7 —— 命名与纹章

Le nom et l'emblème

◀ **狼图纹章**（约 1488）

如所有四足动物一样，纹章中的狼的形象可以表现为坐姿、行姿、跃姿或是（更为多见的）两只后足站立，呈现出猛扑的凶相。在法语系的纹章学表述中普遍将这种图像认为是最具有研究价值的。在这里，有时狼的形象会表现为口衔猎物状，而猎物通常是鹅或羊羔。也有时恰恰相反，图案中只有前半身（称为"初生狼"，loup naissant）或是只有狼头的图样，但獠牙和舌头总是要被表现得非常突出。

《胡金伯格纹章学典》，纸上绘图徽章，由瑞士画家汉斯·胡金伯格收编，完成于 1488 年，藏于圣加仑，圣加仑修道院图书馆，符号纹章部第 1084 号藏品，第 121 对开页。

在绝大多数印欧语系的语种中，指称"狼"的名词多是以"光"作为词根，比如"leuk-"（希腊语中的 lukos 与拉丁语中的 lupus），抑或是与"发光"有关，比如"w（u）lk"（日耳曼语中的 wulf，后来演变为 wolf）。在法语中，一提到"狼"（loup），我们的第一感觉既不是灰黑的皮毛，也不是尾巴，更不是血盆大口和尖牙利齿，而是一种光明的代表，一双充满感召力的眼睛，以及一种眼睛在夜间不仅能够清晰视物，而且能够闪烁光亮的动物。我们之前提到的很多象征意义都是这么来的。关于狼与地球的两大光源——太阳与月亮——间的联系，也是由此而来。在希腊神话中，狼是太阳神阿波罗的御兽，也是月神阿尔忒弥斯的守护兽；而在北欧神话中，狼最终吞噬了太阳和月亮。我们在这里还可以加一句，拉丁语中的"狐狸"一词（vulpes，在法语中演化为古语 goupil），与狼的名字是同源的，这是为了说明狐狸也是一种擅于夜视的动物。

古代的北欧与日耳曼蛮荒地区，主要以多神或泛神教徒为主，这些部族选择对狼进行指称的名词时非常慎重，这个词说出来不可以轻描淡写，要有能"压口"的凝重，必须和其他的物种印象有情绪上的区别，万不能给人以可以对其一带而过或是无动于衷的印象。相反地，要用到这个名词时也同样需要慎重，要体现出尊崇和敬畏的态度，尽可能在平常避免从口中发出这个音（或谐音，就像"哈利·波特"世界中对于伏地魔的态度一样），如有必要的话，也大可以用绘图或是其他的表达方式取而代之。对于猎户、军人与农民来说，狼不是一种寻常的生物，它是代表着地狱的生灵，听到有人提到自己的名字就会暴怒。

民俗学者与语言学者一贯热衷于研究在各种各样的社会状态下，对某种动物（也有时候是植物，特别是某些种类的老树）的名讳禁忌传统，有的时候这种禁忌是贯穿各个时代通用的，也有的时候仅限于具体的某时某处。这些被避讳称呼的动物普遍的共同点是，它们通常都对不祥之事具有强烈的象征意义。北半球最常见的需要言语上避讳的两种动物就是熊和狼。熊是因为它代表的并不见得是一种动物的形象，它还是一个远古的神祇，甚至是人类的远祖；而狼则是野兽的最鲜明的代表，是一种令人恐惧的生物，担任着这个世界与亡灵世界的中间人，拥有邪恶的绝对力量。

然而，在整个欧洲大陆，"狼"的学名、俗名或是其表达的意义却出现在无数事物的名称之中。无论是在国际都会、大小城池、村落民宅还是广义地域的名称中，这种狼的痕迹俯拾皆是。我们来随手挑几个法国的例子，卢皮雅克（Loupiac，波尔多子产区）、卢夫托（Louvetot，诺曼底地区）、路维希恩（Louveciennes，巴黎西郊伊夫林省，以路易十四城堡闻名）、卢维涅（Louvigny，默兹省，以最糟糕的高铁车站闻名）、卢浮

宫（Louvre，巴黎波旁王朝皇宫，今博物馆）、拉罗维耶（La
Louviere，格拉斯地名，有著名酒庄）、莱卢伟特（Les Louvet，
阿朗松区地名）、哈密瓜（Cantaloup，也称罗马甜瓜）、埃卢
（Hesloup，阿朗松区地名）、巴斯卢（Passeloup，著名乳业农庄）、
卢普富热雷（Loupfougères，卢瓦尔河大区马耶讷省地名）、卢庞
迪高地（Loupendu，卢瓦尔大区地名）、狼林（le Bois du Loup，
贝斯和圣阿纳斯泰斯县地名）、狼滩（le Gué du Loup，布尔戈涅
大区地名）、狼跃营（le Saut du Loup，阿奎坦大区地名）、狼泉
（la Fontaine aux Loups，汝拉省普兰瓦索镇地名）、狼谷（la Vallée-
aux-Loups，大巴黎上塞纳省沙特奈－马拉布里地名）、狼洞（le
Trou du Loup，利摩日地区度假屋）……这种狼的指称在各地以
不同形式出现，特别是对这种野兽的畏惧与切实的想象在日常生
活中较为多见的乡村地区更是如此。中世纪的基督教会曾经在
教区的行政划分过程中对于很多流传已久的地名进行了大手笔
的修改，主要目的就是消除传统异教信仰与迷信的影响，特别
是对于那些与名词或专有名词相关的地名统统都重整了一遍，
可是在市镇、偏远地区、聚居杂居区这些地方，很多就没有能
够照顾到。

　　在人的姓氏中，虽然不像地名那么五花八门，但狼的符号也
同样大量出现。无论是在法国还是相邻诸国，在可供取作人名的
动物名称范围中，狼都是很常见的一个选择，与狐狸、渡鸦、公

鸡、牛、绵羊等其他几种动物在重要性上不相上下。比如在法国核心区有勒卢（Leloup）、勒略（Leleu）、路威尔（Louvel）、杜邦卢（Dupanloup）、拉乌尔（Raoul）、阿赫努尔（Arnoul），布列塔尼地区也有布莱斯（Bleis）和布雷（Blay），巴斯克地区则有奥托亚（Otxoa）和奥卓雅（Otchoa）；在意大利有鲁珀（Lupo）、卢比尼（Lupini）、卢贝利（Lupelli）、洛瓦迪（Lovati）；在西班牙和葡萄牙又有洛佩兹（Lopez）、尧披斯（Llopis）、罗佩斯（Lopes）；比利时则有德伍尔夫（Dewulf）和德沃夫（de Wolf）；匈牙利是法卡斯（Farkas）；波兰是威尔克（Wilk）、威尔斯卡（Wilska）和威斯科（Wisko）；爱尔兰也有魏兰（Whelan）、菲林（Filin）和欧法奥兰（O'Faolain）；苏格兰则是麦克泰尔（MacTire）、麦金泰尔（MacIntire）、莫瑞根（Morrigan）。更不要说在很多日耳曼语系民族国家（德意志、瑞士、奥地利、荷兰、英格兰、斯堪的纳维亚地区）中由其词源沃尔夫（wolf）衍生的口语方言和拼写变体。

然而在一干动物中，选用狼的图像作为纹章的却并不多见。或许是使用纹章或族徽的历史距现在太近了，以至于狼在那个时候（12世纪前后）已经退出了第一备选梯队的范畴。也有可能这种野兽的负面象征意义使它们距离被选中成为守护圣兽动物形象的要求差得太远。狼的强力、凶猛这些禀赋有可能会吸引封建时代那些"直男癌"形象的战士，但是选择一种纹章的承载内涵说到底不是关系到一个人的事，毕竟那是一整个家族

的纹章，要照顾到集体主义的发展空间。当然，这也并不是说徽章系统中就没有狼这种动物，但首先它的地位不是王者（王者的位子有狮子占着），而且还有很多其他的野生动物在家族盾徽的纹章图案中比狼更多见，其中最多的要数：鹰、豹子、野猪、熊、麋鹿，还有独角兽和狮鹫。

狼图案的纹章出现得最多的地区，要数纳瓦雷地区（法西边境比利牛斯一带的公国）和加利西亚地区（葡萄牙以北）。这倒并不是因为这些地区出现的狼比较多（的确在西班牙北部的茂密森林里有很多狼出没，但这并不是原因），而是基于整个欧洲在选择族徽时约定俗成的传统做法：选用的动物名称一般会跟家族的姓氏有谐音或是文字上押韵的联系；这种族徽一般称为"拟音族徽"。在纳瓦雷，洛佩兹（Lopez）是个大姓，而且

◀ **路易·奥尔良亲王的狼铭牌**（1410～1414）

中世纪末期，皇室的亲王们除了家族的家徽外，还习惯于设计一些独立的小图案，作为个人的纹章印鉴，用在首饰或是收藏的艺术品上，以昭示其所有权。我们管这样的纹章叫作"铭纹"（devise）。法王查理六世的兄弟路易·奥尔良（1372～1407）就选择了一匹戴着项链和铃铛的狼的形象作为自己的铭纹（图中他外套右襟上印制的图案就是这种铭纹）。狼的形象实在是相当的负面，所以这无论如何都是一个很令人惊讶的决定，但主要是狼的名字恰好与亲王的教名是谐音（卢／路易），他还特意为狼戴上了有铃铛的项圈以示镇压驯服了它的野性。

《雅典娜书函》，克里斯蒂娜·德·皮桑，该手卷 1410～1414 年间誊绘完成于巴黎，藏于伦敦，大英图书馆，哈雷手卷部第 4431 号藏品，第 95 对开页。

还有很多不同的衍生写法，由于洛佩兹源于"狼"，因此狼的形象就会出现在他们的家徽之上。在其他的地方就少很多了，但绝大多数出现的狼纹章都是"拟音族徽"这一类。在盾纹中，狼图案可以表现为"行路狼"（横向）、"进击狼"（后腿站立）、"踊跃狼"（看似跳起扑向猎物）这几种，或是局限于一个狼首、一张正脸，狼的样貌一般都会抽象为耳朵直立，眼睛眯成斜斜的（或水平的）一条缝。在对狼进行概念化的艺术创作中，风格最强烈的符号就落在狼首的形状和狼的样貌上。

文艺复兴时代和巴洛克时代纹章艺术的演进并没有给狼传统的象征意象带来什么革命性的变化。这个印象被固化的时间太久远漫长了，单靠纹章学的演化没有办法影响这个根深蒂固的文化传统。16～17 世纪的符号学继续将狼的形象意象化为蛮

◀ **家族盾徽中的狼图案**（1460～1480）

在家族纹章中，狼的图案并不常见，特别是在大型野生动物中，熊、野猪和雄鹿都比它出现得多得多。这是不是因为作为一个家族的形象代表，狼的形象过于负面了，还是过于偏向于"异教"了？但我们仍能在纳瓦雷地区和广大德语地区找到一些这样的纹章图案。这种纹章设计方式被称作"拟音形象"式纹章，也就是说采用的图案形象主体要与使用纹章对应的家族姓氏在文字上有一定的或谐音或押韵的关联，一个例子就是哈布斯堡帝国南方地区的一位封臣武格纳德·冯·维森沃夫，他家族的纹章就是盾徽上绘就的一匹白狼（weisser Wolf）。

《沙伊布勒纹章图典》，1460～1480 年间誊绘完成于巴维耶雷，藏于慕尼黑，巴伐利亚州立图书馆，符号纹章部第 312 号藏品，第 171 对开页。

▲ **狼面罩**（约 1750）

在法语中，"狼"（Loup）这个词有很多古怪的义项，其中之一是"半遮脸面罩"，这个义项大约是在 17 世纪下半叶的时候被加进来的。这说的是一种黑色天鹅绒质地的面罩，能够遮住脸的上半部分。最早是女士们在参加舞会的时候会佩戴这样的面具，又过了一百年以后全面普及开来，男性女性都会戴了。在威尼斯狂欢节上，到处可见这种"狼面罩"，但是还有另外一种面具与之不相伯仲，那就是全身穿戴的"班塔"（Banta），连着黑色的斗篷和兜帽，配着一个连体的白色面具。

《狂欢节》，皮埃特罗·隆吉绘，约完成于 1750 年，藏于威尼斯，雷佐尼科宫。

荣军院里暗藏的狼（约 1672～1674）

在荣军院，正院天窗的装饰雕像中所选用的素材大多是各种勋章、象征形象与战争中的战利品。但隐藏在棕榈叶和各色军旗之间，我们会发现一个非常古怪的雕像，正是一匹正面朝向人的狼，把牛眼窗抱在怀中的样子。这个古怪的形象之所以会设置在这里，像个旁观者暗中窥测着院中发生的一切，有一种说法认为这是当时负责战争事务的国务卿卢瓦（Loup voit，"狼在看"）侯爵强刷存在感的体现。这位侯爵在荣军院组织设立和建筑建造的过程中出了很多的力，但是路易十四出于妒忌，不准卢瓦侯爵的家徽以任何形式体现在建筑物装置中。

巴黎，荣军院正院。

力、暴戾与贪婪的象征。狼的形象被设计成口中叼着羔羊或是白鹅，让人联想到之前捕猎和接下来屠杀时的场面，那肯定是世间一切纯洁、娇弱与质朴人的敌人啊！狼同样也是战神马尔斯的必备御兽之一，作为希腊神祇在中世纪销声匿迹了数百年后，到了现当代，新派的绘画与雕刻作品大量地使用古典神话的故事作为题材，它们也就卷土重来了。在动物圈中，狼同样代表着"愤怒"的情绪意象，但这就不只是它自己了，很多其他的动物也有这个功能，常见的比如熊、野猪、公牛、鲸鱼、狮子、公鸡，甚至还有在其他情况下很少出现的刺猬（因为刺猬发怒的时候，会把浑身的刺竖立起来，很富视觉识别力）。

其实相比起来，在纹章与符号学的范畴中，我们现当代才可以说是对狼的形象进行了真正颠覆性的价值再评估，我们摒弃了其象征意义中绝大多数的负面特征，只留下它们的力量、坚韧、毅力、胆略以及百折不挠的意志。狼的图腾经常作为职业参赛队或是职业俱乐部的标志，很广泛地出现在运动衣上，其中也体现着某些赞助商的自我定位。另外，童子军的勋章上也常常绘有狼的标记，这首先是因为童子军徽章本身就是军事徽章的同门兄弟，其次多少受到了拉迪亚德·吉卜林出版于1894年的《丛林之书》的深刻影响。在我们当代消费社会中，经常为狼图腾招魂的还是以产品商标为主，在商标中出现的狼多为局部，与在军旗中出现的形象比较接近，甚至只留一个狼

头，用充满进攻性的脸型和喷火般的眼神来体现狼的精神。如
果你相信营销学或是广告业的专家们那些富有表现力的套话的
话，你会认为狼象征着"原始力量、对自由的渴望、心灵的活
力、可靠的直觉、精明的头脑、集中力量合作处理重大问题的
能力，以及合理运用战略战术的能力"。至于什么样有上进心
的靠谱公司会花大价钱设计一个简单常见的狼头作为LOGO，
并附上这么大段没什么品位的文字呢……这可就是个难解之
谜了。

8 —— 寓言与民间故事

◀ **《伊索寓言》：《狼与狗》**（约 1370～1380）

《狼与狗》在西方是一则人尽皆知的寓言。伊索版本的故事只有短短的三行诗，在菲德尔的故事中有二十七行，略长了一点，到了拉封丹的作品中，发展到了四十一行。不过，故事的寓意仍然是一以贯之的，那就是"宁可挨饿，也不要锁链"。狼饥肠辘辘，但自由；狗大腹便便，却是奴隶。

《史鉴》（让·德维涅译本），查理五世敕定本，万桑·德博韦，手稿约在 1370～1380 年间誊绘于巴黎，藏于巴黎，法国国立图书馆，法国新藏品部第 15939 号藏品，第 8 对开页右页。

自古典时代以来，寓言、叙事诗或是散文诗中的故事将狼的负面形象进一步广泛地传播开来，这些作品同时起着传播道德理念与人生经验的作用。我们认为这些故事最早源于希腊寓言家伊索，关于伊索的生平我们一无所知，但是相传他是前7世纪来自波斯弗里吉亚的一个奴隶。实际上，伊索很有可能只是个托名的作者，人们将几个世纪间无数以希腊文写成的寓言故事都归在了他的身上。保存到我们现在的古籍中的伊索寓言大约有五百篇，当代学者在进行辨识之后将这个数目降到了三百五十八篇。登场的绝大多数都是动物，作者对此或多或少地进行了人格化，并赋予了它们开口对话的能力。这些故事流传了数个世纪，传到今朝，其中很多是以狼作为主角的，比如《狼与马》《狼与鹳》《狼与老婆婆》，还有更著名的《狼和小羊》。

《狼和小羊》这个故事告诉我们所谓的"公义"，在下定决心要作恶的人面前是如何地不堪一击。这则寓言讲述了一个这样的故事。一匹狼在河边看到了一只小羊在饮水，于是它一口咬定小羊搅浑了水，让它没法喝。小羊辩解称它一直在小河的下游喝水，怎么可能会污染到狼面前的水呢？而狼又发难说："去年你辱骂了我的父亲！"小羊回答："那怎么可能呢？去年我还没有出生。"两次受挫的狼怒道："饶是你巧舌如簧，我还是要吃了你！"于是狼就把小羊吃掉了。我们由此了解到，古

拉封丹《寓言集》:《狼与狗》（约 1847）

让·雅克·格兰威尔（1803～1847），七月王朝时期的著名插画家、版画家，以绘制反映资产阶级趣味的漫画驰名于世。他为很多书绘制了插画，单拉封丹《寓言集》就绘制了两版。他绘制的动物造型与诗人为动物塑造的社会形象完美地融合于一体，让人感受到一种接近超现实主义的奇幻感觉。

《寓言集》，让·德·拉封丹，让·雅克·格兰威尔插画，巴黎，伏纳出版社 1847 年版。

希腊已经是个强者掌握法律准绳的世界了，狼对羔羊是从不会仁慈的。

无论是古早寓言还是当代故事中的动物圈，其丰富程度远超我们想象。比如让·德·拉封丹于 1668～1694 年出版的三卷本寓言书里就收集了二百四十则故事，其中提到了多达一百二十五种不同的动物。有些物种出现的次数较少，比如鱼类或昆虫（当然除了有名的《蝉与蚂蚁》的故事）通常只会在单独的故事中露上一次面。当然，也有些动物是无所不在的，比如狮子、狐狸、狼、狗、老鼠、猴子，相对少一点的还有乌鸦、公鸡、驴子、熊和马。

无论在什么年代，狼、狮子和狐狸三种动物，都是寓言故事系统中的三驾马车。与中世纪时期的动物圈子相似的是，狼仍然没有被赋予什么光彩的形象。它们永远充当着反派角色，

◀ **拉封丹《寓言集》：《狼和小羊》**（约 1927 ）

菲利克斯·劳希乌（1872～1964），设计师、插画师、广告视觉师、儿童绘本作者，他的艺术风格与格兰威尔大异其趣，但从另一个角度为拉封丹的作品带来了一种奇幻色彩。他作品中强烈的表现主义倾向带来了神秘和令人生畏的氛围，更加适用于悲剧结局的剧情，比如《狼和小羊》。

《寓言集》，让·德·拉封丹，菲利克斯·劳希乌插画，巴黎，阿歇特出版社 1927 年版。

每次都是作为蛮力、残暴、贪婪、馋嘴、狡诈、虚情假意、胡作非为的形象代表现身；有时候还会被添上一点愚蠢和滑稽的佐料，它会搬起石头砸自己的脚，摔倒在自己的愚蠢、懒惰、谎言前，从而被其他弱小而聪明的动物戏弄并惩罚。比如《狼与马》的寓言就讲了这样的故事，这也是一个流传甚广、版本复杂的作品。狼在草原上偶遇一匹马，想要用些诡计把它吃掉，于是它扮作医生，警告马说它身患疾病，需要诊断治疗。机智的马明白面前的狼是个心怀不轨的冒牌货，于是假意告诉它自己后蹄上长了一个瘤子，让它看看。当狼俯下身子凑到近前的时候，突然遭到了重重的一记腿击，它的下巴和牙被踢得粉碎。这个野兽自食恶果的故事早在伊索的时代就有过记载，但踢它的是头驴子。但寓意在包括拉封丹版本在内的不同故事中都是一样的："每个人都有每个人的专业；狼想当个医生，但它其实只是个屠户。"

自古典时代以来，寓言故事在传播不同动物的形象方面起着非常重要的作用，这其实特别因为这些故事是编在学生的课本中的。在罗马时代，学生们要学会用希腊语和拉丁语读写这些故事，这作为传统一直延续到中世纪基督教时期。更晚一些时候，18～20世纪之间，法国的学生同样也需要把用法语写成的拉封丹《寓言集》背得滚瓜烂熟。这种做法引发了很多争议：伏尔泰指责这些诗体文学扭曲了语言的表达性；卢梭认为这些文字对于孩子们来说难以理解；拉马丁则认为这些故事迫使学生们建立一种"僵化、冷漠而极端自我"的人生哲学。这些强加的批评声浪最终被历史现实所湮没。拉封丹《寓言集》还是风靡了全世界，除了在三个世纪中作为教学读本在学生中广为流传之外，各种各样的绘本和图像都争相取材于兹。最早的时候当然是以油画和雕版画为主，后来则发展扩散到了更多的载体上，其中有些甚至是很难想象的，比如甜品餐碟上、桌布和家具外罩上、奶酪盒子上、巧克力板上，以及各式各样的广告宣传图上。在这个过程中，拉封丹《寓言集》中很多动物的形象就在交口传诵的故事中被固化下来：狮子的高傲大气、狐狸的狡猾与花言巧语、熊的贪嘴和笨拙、驴的愚蠢和固执、猴子的聪明和顽劣，而到了狼呢，偷盗、欺骗、凶恶、卑鄙、残忍而嗜血。

狼的完全负面的形象在民间传说中也同样得到了充分的体现，这些传说故事的总叙事与寓言故事中的结构基本一致，但是语言描述则更富乡土野趣，有时候会刻意混进一些荤段子。它们通常在这里被描绘成无情的捕猎者，嗜血咥人的巨兽，不仅捕食家畜，而且连看守绵羊的牧羊女也一同吃掉，甚至在树林里走失的孩子、疾病缠身、孤独无助的老人都难逃它们的毒手。谁都害怕这种狡诈的杀人恶兽，绝对避免与之遭遇，但对于小女孩和妙龄少女来说，威胁则更加严峻，因为公狼对于异

性猎物有着异乎寻常的贪恋与执着，这点与熊是类似的。

但是狼的恶行并不总能得逞。非常古老的例子比如《狼与七只小羊》，这个故事中狼的下场有很多版本；更接近当代的像《三只小猪》的故事，最后大坏狼是掉进了烧滚水的大锅里。无论最后狼是否成功吃掉了猎物，以野蛮乖张的大坏狼为主角的故事我们数也数不尽，而且还有更多的故事只局限在某些很小的地方流传，从没有形成过文字记载呢。尽管在寓言中被狮子和狐狸抢尽风头，但是到了儿童民间故事中，狼就成了当仁不让的明星。

让我们来看看其中最为著名的一个故事：《小红帽》。这个

◀ **狼与七只小羊**（1884）

《狼与七只小羊》是一个德国传统民间故事，格林兄弟在他们 1812 年完成的著名童话集中收录了这部作品。他们也像为《小红帽》做的一样，给了这个故事一个大团圆的结局，其实在口耳相传的传统版本里，可不都是这样的结尾。狼想出了诡计，用温柔的嗓音和涂白的手掌成功地冒充了小羊们出门在外的妈妈，骗得它们开了房门。它吃下了六只小羊，然后靠在大树下睡着了。第七只小羊藏在一座吊钟里面，向它妈妈讲述了这一切。羊妈妈趁着狼昏睡的时候，用剪刀剪开了它的肚皮，把还活着的羊儿们救了出来，然后用石头填进了它的肚子，又缝了起来。狼醒来以后，感觉口渴难耐，爬到井边要喝水，但是肚子里的石头重得要命，使它控制不住掉到了井里。

《我的第一本童话故事书》，卡尔·奥夫特丁格雕版插画（《狼与七只小羊》），斯图加特，爱芬贝格尔出版社 1884 年版。

故事也有多种演绎，流传最广的要数夏尔·佩罗（1697）与格林兄弟（1812）的版本。这是则非常古老的故事了：我们能够找到的最古老的文字记载版本大约是在公元 1000 年前后由列日教区的督学埃戈伯特留下的一首精练的叙事诗。因为是供小学生学习的阅读资料，全诗以拉丁文写成，讲述了一位身穿红衣的小女孩冒险穿过危机四伏的野森林，却神奇地从一群小狼的围攻中全身而逃的故事。除了少女的机智以外，使她最终得救的法宝就是那件父亲赠她的红色毛料小礼服。基于这个版本，故事在历史的长河中不断发展，衍生出了各种各样的情节和桥段。佩罗在 17 世纪末搜集的版本是最为丰满的，而且也

▶ **小女孩与大坏狼**（1919）

《民间故事集》，夏尔·佩罗，菲利克斯·劳希乌插画，巴黎，阿歇特出版社 1919 年版。

▼ **悲剧结尾的故事**（1909）

《小红帽》的故事在夏尔·佩罗的版本中采用的是与格林兄弟版本截然不同的结尾方式。在佩罗笔下，狼吃掉了小红帽和她的祖母，故事就这么悲伤地结束了。而在格林兄弟笔下，猎人杀掉了狼，剖开了它的肚子，把仍然活蹦乱跳的一老一小放了出来。这个绘本表现的就是佩罗的那个版本：书中最后一幅插图画出了腆着大肚子的狼，意味着它吃下了所有的猎物。

《民间故事集》，夏尔·佩罗，无名氏插画，巴黎，巴黎书局 1909 年版。

Où t'en vas-tu, ma charmante fillette,
demanda le loup au Petit Chaperon
rouge.

galette toute fraîche et ce petit pot de beurre que ma mère lui envoie.

— Demeure-t-elle bien loin? lui dit le loup.

— Oh! oui, dit le Petit Chaperon rouge, c'est par delà le moulin que vous voyez tout là bas, à la première maison du village.

— Eh bien, dit le loup, je veux l'aller voir aussi; je connais de puissants remèdes et pourrai guérir ta mère-grand. Je m'y en vais par ce chemin-ci. Passe toi-même par ce chemin-là, et nous verrons qui de nous deux sera arrivé le premier.

Le loup se mit à courir de toute sa force par le chemin le plus court. Mais le

— C'est pour mieux te voir,
mon enfant.

— Ma-mère grand que vous
avez de grandes dents.

— C'est pour mieux te
manger.

Et en disant ces mots, le mé-
chant loup se jeta sur le pauvre
Petit Chaperon rouge et la
mangea.

Le méchant loup, après qu'il eut
mangé la mère-grand, et le petit
Chaperon rouge.

POUR PARAITRE PROCHAINEMENT :
RIQUET A LA HOUPPE

BOUQUET, Impr. 18, rue d'Enghien.

是第一次使用了今天我们熟悉的这个故事题目：《小红帽》，这个故事被收录在一本故事集中，故事集里面的八个故事到今天也都是脍炙人口的。我们很难想象像夏尔·佩罗这样在如此多的文学或学院运动中功勋彪炳的人物，重要到能够为首部法兰西学院版《法语大词典》写序的人，其毕生的作品居然就汇聚在这薄薄的一本故事集中。这不怎么公平，但可惜现实如此。

在佩罗的笔下，《小红帽》的故事充满了野性，而且结局是悲剧的。一个漂亮又有教养的小女孩在森林里遭遇了一匹狼，不幸无意中透露给了它通往祖母家的路；恶狼吞掉了老夫人以后为小女孩布下了圈套，最后将小女孩也吃掉了。故事随着狼的最终胜利戛然而止，为读者徒留下残忍的回味。而在格林兄弟的作品中为小红帽设计了不那么现实的大团圆结局：猎户赶

◄ **《小红帽》中的色彩搭配**（1909）

在《小红帽》的故事中，整个叙事过程是围绕着三个色彩级不停切换的，这三个色级分别是：小女孩的红，小奶油罐的白，以及狼外婆的黑。我们惊奇地发现，这三个基本色级在绝大多数的传统民间故事中都是相通的。比如《白雪公主》的故事中，小女孩肤"白"如雪，从心肠歹毒的"黑"衣女人（后母）手中接过一个血"红"色的毒苹果。在《乌鸦与狐狸》的故事中，一只"黑"色的乌鸦歇在树上，从口中掉下了一块"白"色的奶酪，被"红"色的狐狸夺走了。

《小红帽》，亚瑟·拉克汉姆雕版画（1909），收录于夏尔·古约特《春雪–古典传说故事集》，巴黎，皮萨出版社1922年版。

来杀掉了狼，剖开它的肚子后小女孩和老夫人都毫发无损地走了出来。

对这个故事进行解读与分析的文献可以说是浩如烟海。但是，很少有诠释者把注意力集中在故事中一个关键的基本问题，那就是颜色：为什么要选择红色？针对这个问题我们可以从几个方面给出诠释，这些方面彼此间并不冲突或矛盾，而是相互补充，相互充实。首先，红色具有一种象征意义。这就是说红色统领着全篇叙事的基调，并预示着它的悲剧结局。在这种意味下，红色是暴力、残忍的象征，让人联想到被恶狼撕扯的血肉。但是，与这种色彩意象说比较起来，更具有说服力的还是由传统风俗史中提炼出来的几种说法。一种说法是，乡下的人们习惯给年幼的孩子穿上件红色的衣服，为了能够更加显眼，很快发现他们跑到什么地方去了。另有一种说法，小姑娘们在逢年过节的时候总会穿上自己最漂亮的衣服，而在小姑娘的心中，漂亮的衣服一定是红色的。那么我们故事中的小姑娘也很有可能就是这样，在某个节日去看望祖母，穿得漂漂亮亮的，最得意的就是小红兜帽。还有一种说法用了更多的考据功夫，涉及的传统信息更多：他们认为小红帽的衣服颜色与五旬节（圣灵降临日）的红色调有关。相传《小红帽》的一个古早版本中真的就把小女孩设定为出生于五旬节那天，那么我们可以理所当然地想象，出生在如此特别又带来如此吉祥意味的日子，她当然会将红色视作本命色调，因为传统上红色就是"圣灵"的颜色。按理说这种红色相当于一种"辟邪"的保护色，能够令邪恶力量永不近前。但很明显这个作用没有发挥好。

　　精神分析学派给出了更加微妙的假说，比较著名的是布鲁诺·贝特尔海姆在他那部著名的《关于经典童话的精神分析》中做的分析。小兜帽的红色在这里也被赋予了一种性隐喻：小女孩不再是个女童，从此变成了青春期（或前青春期）的叛逆少女，"在潜意识里有非常强烈的与狼共枕的欲望"，这里说的狼寓指"富有活力的钢铁直男形象"。至于狼在床上将小红帽血淋淋地吞噬的形象也有隐喻，就是暗示着"失贞"的具象化：小女孩失去纯洁，就像失去了生命。如街头巷尾流传的小道消息中常提到的"遭遇色狼"，狼就是一种象征着男性旺盛性欲的典型代表。这种解释不断地被拿来引用，还经常被各种添枝加叶，使得历史学家们不堪其扰。这倒不完全是因为这种说法无端地制造耸人听闻的效应，更令人困惑的是这种观点与故事产生和流传的时代有断裂感。红色到底是从什么时候开始成为了与性情绪紧密挂钩的首选颜色？人们会开始思考类似这样的问题。我们承认，红色自很久以来都是情欲与风月场所的标志颜色，但，并没有早到我们这则民间故事流传的年代。在《小红帽》故事最早的版本出现的中世纪时期，感官冲动的代表颜色并不是红色，而是绿色，象征着萌动的爱意与少年情窦初开。所以，如果精神分析的解读是这种逻辑的话，那么今天我们见到的"小红帽"的故事，本应该是"小绿帽"。

还有另外一种说法可以用来解释小女孩穿着的红色衣服，但这就要求我们不能孤立地去关注红色本身，而是将它作为三原色的一个组成部分看待。从很多的民间故事与寓言中，我们发现，情节几乎永远是围绕着三种颜色的交替出现而展开的，这三种颜色是：红、白、黑。在《小红帽》中，小女孩穿着红衣服，手里提着白色的乳酪罐，去送给穿着一身黑衣的外婆（在床上躺着的不是外婆而是狼，但是颜色却是一样的）。在《白雪公主》中，肤白如雪的少女会从一身黑衣的恶毒女王手中接过一枚通红的毒苹果。在《乌鸦与狐狸》中，树上黑色的乌鸦叼着的白色奶酪从口中掉下，被一身火红毛色的狐狸灵巧地夺走。这样的例子还有很多很多，把主角换一换，把颜色的位置对调一下，但故事基本永远是围绕着这三个色彩展开。这就构建起了一套成熟高效传达叙事信息的符号语义系统。

在我们手边的故事里，黑色由狼来代表，象征着死亡的颜色。当然，自然世界中的狼从来也没有过全黑的皮毛，绝大多数是灰色的，也有毛色为棕、橙红、褐色的，偶尔也会带有斑纹。但这都不是重点，就童话故事所要营造出来的意象世界来说（甚至说是在整个文化史的表现方式中），狼就应该是黑色的。我们应该承认这一点，因为意象中的世界与现实中的世界并不是对立的关系，而只是从另一种角度呈现的现实，所以要想否认这种客观存在的观点是徒劳的（也是不智的）。

9 —— 荒村狼影

◄ **猎狼图**（1725）

在路易十四和路易十五统治交替的那段时间，弗朗索瓦·德斯波特斯
（1661~1743）是最擅于描摹皇家围猎活动的油画大师了。相比起猎物来说，他更
加擅于表现猎狗在运动中的丰姿。圣西门记录道：这位大师级的画家总是自告奋勇
地亲自随着狩猎队伍出战，身边时刻不离地带着一个小本子，在围猎的嘈杂喧嚣环
境中旁若无人地安坐马上，作他自己的画。

《猎狼图》，弗朗索瓦·德斯波特斯，藏于雷恩，雷恩美术馆。

　　我们注意到自中世纪早期开始出现的恐狼情绪在 12～13 世纪期间出现了一个中断期。但这毕竟是非常短的一段时间。当历史迎来了现代的第一道曙光，随着气候急剧恶化，瘟疫卷土重来，战争带来的破坏愈加惨烈，西方世界面临着严重的经济与人口危机之时，狼的阴影又悄然出现了。在外省的广大乡村地区，贫困笼罩着大地：收成贫瘠，暑旱冬寒，饥荒频仍。很多土地因为缺少人手耕种而撂荒了。所有生灵都在挨饿，当然也包括那些野生动物。在这样的时候，饥肠辘辘的狼群会大着胆子侵入村庄，吞食牲畜，并抢走一切可以用来果腹的东西。有时候它们甚至跑进大城市，比如 1421 年的巴黎，这一年就是历史上出名的恐怖的一年，后来的 1423 年和 1438 年也是类似。当然对于遇到狼袭击的本能的恐惧重燃，各种谣言、骇人听闻的博眼球的文章、恐怖传说等也自然随之而来，其中有些是实实在在的威胁，另外也有些是臆想的杞人忧天。这种恐狼情绪从那时候起就成为日常生活不可分割的一部分，一直延续到整个 19 世纪。在法国，整个"伟大的世纪"（这个"伟大的世纪"的说法的确很荒唐，因为这实际上是个非常黑暗的世纪，人均寿命期望低到了前所未有的低点），狼群经常会在奥尔良、布鲁瓦、南锡、凡尔登、贝桑松等地区出没。而在 1685～1710 年间那段出奇酷寒的严冬时期，狼群也不止一次地对巴黎进行过"围城"。又过了几十年，整个欧洲都因"热沃当暴狼肆虐"事件而被引入了恐怖与骚动中。一直到很久很久以后，在1889～1890年的冬天，拥有九千居民的圣弗卢尔的奥弗涅市，仍然会有五匹狼公然在大街上游荡的情景出现！

这种现象并不是只在法国出现，整个欧洲大陆基本上到处都是如此。几乎所有国家，从15到18世纪这段时期，狼都被视作一种自然灾害性质的存在，它们侵害的对象也不再像古典时代一样限于山羊、绵羊，而是连小孩子也不放过，特别是那些感染了狂犬病之后的狼，也会无差别地袭击成年人。当时所有的档案文件、教区籍录、年鉴纪事中都言之凿凿：在旧制度时期，在某些多种环境压力（如漫长的寒冬、饥馑、瘟疫、战乱等）共同来临的时期，狼群曾袭击人类并以战士的尸骸为食。现在有些动物学者或动物行为学者断然否认这种情况的存在，这明显是不诚实的。这体现出社会主流观点对于历史学家工作的鄙视，即认为历史学家都是"江湖骗子"，而这也充分表现出人们对于"历史"到底是什么全无基本了解。今天的狼不是过去的狼，21世纪的农村生活和中世纪与近现代之交时期的农村生活更是有天壤之别。归根到底这更加充分地证明了一点：我们目前掌握的知识并不是真理，而仅是人类认知历史上的一个短暂的阶段性状态；今天我们权威、伟大、无所不包的动物学界言之凿凿地展现的成果，特别是关于狼的那些说法，在几个世纪之后早晚也会成为他们自己后学们的笑柄。

"无畏者"夏尔的尸体落入狼口（1865）

沃尔特·司各特在他 1823 年出版的小说《惊婚记》中塑造了一个勃艮第大公"无畏者"夏尔（1461～1477）的形象，在书中他是一个狂傲、残暴、粗野而心地残忍的王公，真实历史上的夏尔其实并没有那么糟糕。但是这幅绘画作品中展现的场景是一名浪漫派的画家根据小说中的故事演绎创作的，画中展现了 1477 年 1 月 5 日夏尔大公在南锡围城战中死去的场景。如果考虑到其文艺作品中的丑恶形象，这种场面算是大快人心吧。

《南锡战役后人们发现"无畏者"夏尔的尸体》，奥古斯特·费恩培林，藏于南锡，南锡美术馆。

　　回到我们原来的话题。从很早很早以前，西方世界就为抵抗狼群建立起了组织。在 9 世纪初查理曼大帝的年代，国王与各地方大公先后组建起自己的"狼管局"，以致力于铲除在其领地上肆虐的这种野兽。这种努力见效的程度在不同的地方差异很大，而且即使见效绝大多数也都是暂时性的胜利，唯有英伦三岛是个例外：在 16 世纪，狼基本上在英格兰全境绝迹，苏格兰在一个世纪后也达成了目标，爱尔兰则在 1770～1780 年间紧随其后实现。英吉利海峡对岸对狼的这场决定性大捷极大地改善了乡村生活的质量，既增进了农作物种植，又保证了绵羊养殖的稳定，因此那里出产的高质量的羊毛奠定了整个国度的长期繁荣发展。英国"狼管局"的成功剿狼经验与后续的经济成就使得科尔柏雄心勃勃地要重整法国的"皇家狼管局"。但为时已晚。法国到了 1700 年前后，狼已经泛滥成灾，而且变得越发残忍凶险。反观欧洲其他地方，灭狼的步伐逐渐加快，大约在 18 世纪末期，荷兰和丹麦的狼已经基本绝迹，到了 19 世纪，比利时、日耳曼地区与瑞士也已经实现无狼化。

　　从福瓦伯爵贾斯东·菲比斯于 14 世纪末编撰的《猎书》开始，一系列同类的书籍文献滥觞于此，到路易十五时代还有大量精美印刷的著名论文，这些著作事无巨细地讲解如何去捕获或是剿杀狼，教授了各种技巧，包括猎法、打法、陷阱、壕沟、罗网，反正就是要不拘泥一切手段打到狼。但是，真到了捕猎的时候，这种"猎杀"是非常特别的，与其说是为了维护公众安全采取的措施，似乎更多地是贵族子弟的一种消遣活动，跟打狐狸一样。另外，每次围猎都需要调动无数的猎犬、马匹、辎重，因为这种活动动辄要花掉整整一天的时间。比如我们手边就有一份文献记录着1741年的一次猎杀：从朗布依埃森林中赶出的狼一直到了雷恩门下才被捉住。所以我们有目共睹的是：这种猎杀手段是极其低效的。真正管用的手段是农民们组织的打狼团布下各种陷阱罗网，动用各种远程武器，后来还用上了毒药（19世纪的时候常用马钱子碱），以及官方对杀死狼的英雄承诺的悬赏花红，最具有诱惑性的其实是带着猎物在本村和周边各村大张旗鼓游街示众时光宗耀祖的那种场面。

在各式各样的猎书中，作者们煞费苦心地一再强调狼是一种多么坚忍顽强，充满野性、狡诈与智慧的动物，它们能让最

▼ **猎狼与猎狐**（1616）

在鲁本斯的作品中，"狩猎"的主题占了相当重要的部分。这是因为他主要的艺术赞助人都是王公贵族和封疆大吏，而"狩猎图"则是艺术家给他们添彩彰功的有效手法。在这幅表现了猎狼与狐狸主题的巨型画作中，有些艺术专家认出位于图右侧的两位骑手，一位就是画家本人，身边是他的第一任夫人伊莎贝拉·布兰特（手上带着一只隼的人物形象），而在全图中心正面骑在马上的则是二人的儿子阿尔贝。

《猎狼与猎狐》，皮埃尔·保罗·鲁本斯，藏于纽约，大都会艺术博物馆，藏品号：10.37。

勇猛的猎犬都望之生畏乃至退避三舍。畋猎爱好者也同样从经验的角度附和，告诉我们想要训练一批专业的捕狼犬队是不现实的，因为单是狼的气味、唾液和叫声就会给猎狗造成心胆俱裂的效果了。狼在所有人的眼中都是一种有百害而无一用的生物，它的皮毛有异味，而且布满各种寄生虫，基本一文不值，它的肉又臭又膻，以至于即使是在食腐者中都极不受欢迎（似乎也只有乌鸦能够忍受狼肉的味道，这刚好也说明乌鸦这种不祥生物的恶名也是其来有自），更何况狼是间或食人的动物，邪恶而不洁，所以任何基督徒都绝不可能以狼肉为食。布冯在他的《自然历史》中对狼给出了一句总结性的评价，这句话流传至今，对于狼的恶名起到了盖棺定论的作用，这句话是这么说的："阴郁的气象，野蛮的态度，可怖的喉音，呛人的气味，乖张的天性，凶残的举动，一切都带给人不祥的感觉，生时令人嫌恶，死后百无一用。"

从我们手边能找到的文献，包括猎手笔记、博物学者笔记、编年史官以及乡村教务人员的台账中，我们发现"狂犬病"这个词在 16 到 19 世纪越来越频繁地出现了。这种病症从古典时代就已经被人们认识了，亚里士多德就专门对其有所记载，不过那时候人们并没有意识到这是一种能在人类间传播的疾病。后来还是阿拉伯的医学家们确认了狂犬病的确是可以人传人的，而且指出了被患有狂犬病的动物咬伤很有可能是这种传染

多毛、贪婪、嗜血的猛兽（1607）

从中世纪末期到 19 世纪，对于狼的恐惧逐渐蔓延到了整个欧洲，特别是到了冬天更为严峻。这种野兽不光会吃掉牲畜，也不放过儿童，甚至有时也会袭击成人。现在有些执意维护狼形象的人否认狼食人，这是无视历史事实的做法。目前所有的文献都不约而同地指向一个结论：狼在饥饿的时候完全可能袭击人类。今天我们见到的狼应该已经不是这样了，首先狼的数量少了很多，也学得更加谨慎和胆怯了。

16 世纪中叶木刻版画作品，作者无名氏，作为插画收录于爱德华·托普塞尔的作品《四足兽史》中，伦敦，1607 年版。

1885 年，巴斯德为小约瑟夫·迈斯特接种疫苗

1885 年 7 月 6 日，九岁的阿尔萨斯小男孩约瑟夫·迈斯特被一只疯狗咬伤。小男孩很快被送到了巴黎，由路易·巴斯德来亲自选择治疗方案，在研究了三天后，他决定在孩子身上试验刚刚研发出的疫苗，这种疫苗需要在连续的十天里每天打一针，而用药的分量也要逐日加重。这次试验取得了成功：约瑟夫的狂犬病最终一直没有发作。这就是历史上第一次抗狂犬病疫苗的实验经过。

选自教学挂图。

的初始来源。中世纪时的基督教会曾经试图通过向某些在特定领域非常灵验的圣徒（圣马固尔、圣奥松、圣基特利、圣于贝等）祈祷、朝拜、献祭还愿的方式退治瘟神。但这种基本无效的"疗法"在欧洲大陆直到现代仍然得以保留，因为除此之外的其他选择只剩下了完全截肢以及烧灼创口了。在这种病症面前，医学界的智者们束手无策，一筹莫展。长期以来人们都确信这种病症是原发于狼、狐狸甚至是犬类身上的，因为这些动物无时无刻不处于饥饿状态，经常进食腐坏的动物尸体，而且因为排汗系统欠缺，体内始终保持着较高温度。而狂犬病就是在这种体内湿热熏蒸的过程中产生的病原。如果你相信 19 世纪初叶小报上写的东西的话，你会看到一匹狂犬病发的狼在田野里和树林里乱窜，无差别地袭击每一个遇到的人和动物，一天下来就传染了六十人（乃至更多），而且他们很快就都病发死去了。这里面当然有些夸张的成分在，但这恰恰表现出了当时人们对于这种疾病的极端恐惧，因为患病的人往往会承受巨大的痛苦，而且几乎所有人都难逃一死。

幸运的是，路易·巴斯德在这个时代横空出世了，那时的他正在自己事业和名望的顶峰。1885 年 7 月 6 日，他在上学途中被疯狗咬伤的九岁男孩小约瑟夫·迈斯特身上成功地接种了与同事合作研发的狂犬病疫苗。

Figure du Monstre, qui desole le Gevaudan,
Cette Bête est de la taille d'un jeune Taureau elle attaque de préférence les Femmes
et les Enfans elle boit leur Sang, leur coupe la Tête et l'emporte.
Il est promis 2700.tt à qui tueraitcet animal

10 ─── 热沃当凶兽

La Bête du Gévaudan

◄ **热沃当的凶兽是个怪物**（1765）

在 1765～1767 年这段时间里绘制和雕刻的多幅图像中出现过对于这头"凶兽"形象的刻画，在多数图像中它是以复合怪物的形象出现的，身体构成上截取了多种四足兽的某些特征拼凑在一起，其中就包括狼、狗、野猪、公牛、狮子、熊、老虎以及鬣狗。也正因为此才通常会把"怪物"这个词冠在它的头上。为了让这个"怪物"具有更加骇人的效果，人们添油加醋地将它描述成浑身长毛、尖牙利爪的动物，拖着长尾巴，甚至在某些版本中它头上还有弯曲的尖角，嘴边突出的獠牙，大而尖的耳朵，令人生畏的雄性体征，乃至还有大象 样的长鼻子。所有这些明显不可能属于其体态的另类特征，无不意在强调其狂野的兽性，为之赋予一种凶残、恐怖、令人惊惧的色彩。

根据 1765 年芒德市的一幅画作重制的铜版画，作者不详，藏于巴黎，法国国立图书馆版画藏品室。

从 17 世纪初到 19 世纪中叶，欧洲各地都涌现出了无数食人狼侵扰村庄的故事。著名的"热沃当凶兽"仍然是其中最为人所熟知的，不过即使我们把目光仅集中在法兰西的国土上，它的"战绩"都已经被数次突破，比如 1693～1694 年这一年间，都兰地区（也称"图赖讷"，法国历史上以图尔为首府的行省，于 1789 年大革命时期撤销并被分为三个省）的博奈森林就发生了致七十二人死亡的一起案例，后来在 1715～1718 年间，中央高原上的韦莱山区也记录有二十一人先后被恶兽吞噬。但事实上，在这两个案例中都是狼群的集体行动，而且很有可能是受狂犬病感染的狼群。而按照热沃当事件中记载的案情来看，单只凶兽作案的可能性非常之大，行凶的动物必然庞大无伦，而且还有可能是为人所专门驯养的。

"热沃当凶兽"首次出现在街谈巷议中的时间应该是在 1764 年 6 月前后：朗格尼地区的一个放牧牛群的女子遭到了"像是一匹巨狼，但仔细看起来又完全不是"的巨兽的袭击。她的两只牧羊犬被吓得僵在那里一动都不能动，而放牛女的牛则纷纷低下头用牛角防御，使得那女子最终保住了一命。几天之后，离那里不远的地方，一名十四岁的牧羊女在她的羊群边被咬断了喉咙。人们把这桩凶案归在一匹常在附近活动的狼的头上，但没有人指出这起案件与朗格尼放牛女的那起案件有很多关联之处。不过，还是有人提出质疑，因为狼一般是不会放弃羊而专门袭击人的。在18世纪中叶，热沃当地区（今天洛泽尔省以北的一块山区林地）的确狼患频仍，而且狼群的行为模式往往神出鬼没，无法预测。人们在这一带每年好歹都能打到六十来匹狼，而且按照法国惯例，每打死一匹狼都可以领得六镑的赏金（在当时可是一笔相当可观的数目）。

然而，到了夏末秋初的时节，事态变得更加恶劣起来，这头嗜血的凶兽（当时所有的刊物和小报都称其为"凶兽"）又在三个月里造成了十二死十三伤的惨剧。很多直接见证者在供词中都说："这货可能还真不是狼。"这头凶兽身躯庞大，浑身棕褐色长毛而且在背部还有条纹；吻部长大而且黝黑；尾巴宽而蓬松。而且它习惯于在黑暗中潜行，步调很缓，但扑向猎物的时候则快如闪电；它可以用两只后腿支撑着保持站立的姿势；它的大嘴总是张着，散发着恶臭。更加令人胆寒的是，它似乎对于鲜血有着特别的兴趣，在残杀猎物的时候，不仅热衷于割喉放血或是干脆咬下头颅，而且还会慢条斯理地舔舐掉地上留下的血液。

这些就是目击者们证词中描述的特征。这之后的几周中，随着案发的次数越来越多，这头怪兽的体貌特征也被描绘得越来越细致丰满，但这些更多地来自受害者的想象，而非客观的观察。在他们眼中，这凶兽又像黑豹，又像鬣狗，又像母狮，又像老虎，更像是个狼人。人们说这头怪兽长着马蹄、龟甲、

被凶兽袭击的牧羊女（1765）

从历史学家的角度，在热沃当凶兽事件中最引人注意的一个现象，在于信息传播的速度之快。某天夜间凶兽袭击了年轻的牧羊女，转天不仅国王和整个宫廷都收到了快报，国内所有大城市甚至邻国也都街知巷闻。18世纪中叶新闻流传的速度快得惊人，而且出现了大量匿名的版画作品描述和传播这些事件，这些作品有些直接是印刷品，也有些作为告示和小册子的插页广泛地分发到人们手中。

彩色刻板画，作者不详，作于1765年。

狮鬃、猞猁眼，声音颇似人言。当时有很多街谈巷议，八卦地认为这头怪兽是一种"半狼人"，也就是人类女子和某种野兽杂交的不祥产物。这个案子的影响逐渐突破了热沃当的范围，演变成了一起轰动全国的大事件。整个法兰西王国的每一个角落乃至国外都在热议热沃当事件，特别是那头无畏的凶兽面对朗格多克总督特使杜哈梅尔副长派来的五十七名龙骑兵盘肠血战，毫无惧色的壮举更是令人津津乐道。无视追杀捕猎，那头凶兽仍旧肆虐故我。到了1764年底，死于它爪下的无辜者已有三十余人。芒德本地的主教奋笔疾书，洋洋洒洒写下了一篇长长的檄文，要求神甫们在年末最后一个礼拜日当堂宣读。在主教看来，这案件乃是神在盛怒之下以凶兽作为载器降下的灾难；为了平息主神的怒火，神的仆人与信徒们必须要祷告、忏悔、洗心革面，过有良知的人生，见恶行（尤其是淫欲）应惊怖而趋避之，以罗马正教的尺度来教化后代，铲除以新教为代表的邪教异端，让动辄口出不敬之言的哲学家们彻底噤声。大主教谕令召开了巡礼、赎罪与公开祝礼等多项仪轨，但结果令人沮丧。就在法事四天之后，1765年1月1日，凶兽再度出现，残杀了一个十六岁的男孩，凶案现场离受害者的家只有几步之遥。

1765年这一整年间，凶兽的四处突击与杀戮几乎就没有消停过。而且，从这一年开始，它所狩猎的范围不再局限在热沃

当，奥弗涅、维沃雷甚至远到胡耶格都出现了它的魅影。押在
这头凶兽头上的赏金花红也在不断累加，生死不限。当时被誉
为法国境内打狼者之花的两位诺曼底贵族——丹尼瓦尔和他的
儿子——在这年 2 月赶到了案发一带。全法各地所有的猎户都
毛遂自荐要来加入他的捕猎队伍。但充满自信的丹尼瓦尔父子
拒绝了所有请求，他们更倾向于依靠本地农民的帮助，而农民
们也觉得这些人比杜哈梅尔的龙骑兵们要靠谱得多，对他们非
常热情。在热沃当，丹尼瓦尔一众枕戈待旦，杀掉的狼不计其
数，但就是没有打到那只凶兽。但这并不意味着凶兽就偃旗息
鼓了，攻击事件仍在不断发生，受害人数仍在逐日增加。特别
是血腥的 1765 年黑色 3 月，人们的焦虑达到了顶峰，对于王国
失败统治的反抗情绪开始沸腾起来。

　　有些自以为聪明的战略家（主要是离事件发生地万里之遥
的城里人）给出了各式各样的捕猎创意，比如因为凶兽偏爱攻
击女性，可以把一只绵羊假扮成牧羊女的样子，在四周埋伏下
重兵围攻；再比如制造一个"假姑娘"，身体里淬上毒药，在凶
兽日常可能会经过的道路周围放上几个；又或者放出几只狮子
或老虎，以暴制暴，杀杀那只猛兽的戾气。但到了临阵的时候，
专业人士永远偏爱传统的手段，比如人海战术，在 1765 年 4 月
21 日那天发起的围猎据说有万人以上同时参加，但这次仍然是
一无所获。凶兽的胃口越来越大，同时对于丹尼瓦尔的不满情

绪也逐日高涨起来。这种情绪更多地来自嫉妒他们因为此事获得无上威望与特权的地方贵族们。

那年的 5 月底，国王得到了一年来热沃当凶兽行凶的统计资料：一百二十二次袭击，造成六十六死，四十人重伤。是可忍，孰不可忍！身为知名猎手的路易十五决定派出御前禁卫火枪手兼皇家狩猎官弗朗索瓦·安托万·德博泰内侯爵亲赴热沃当，侯爷时年六十五岁，无论是资历、经验还是沉稳都是无可挑剔的。为了确保这头凶兽从法兰西国土上消失，国王赋予了侯爷最高权力。6 月底，德博泰内甫一抵达热沃当就急召丹尼瓦尔，详细听取他与凶兽交手的一切情状，得出的结论是：无论是从外观还是习性上来看，都绝对不是狼。从 6 月 30 日开始，不急不躁的德博泰内有条不紊地展开了为期一夏的狩猎活动。但凶兽丝毫不以为意，仍然狼奔豕突，挑衅男丁与恶狗，偷袭女人与儿童，肆意杀戮。1765 年 8 月 11 日，凶兽在袭击两个年轻女孩的时候，被其中一人用刺刀划伤，流了很多血。绝大多数观察员都一致认为这绝不是狼血。德博泰内急向凡尔赛请求支援，要人要钱，要犬要马。8 月 29 日，护卫队杀死了一匹巨狼，人们都确信这就是那头怪物，从热沃当到宫廷，所有人都欢欣鼓舞。但这是误报：到了 10 月，怪物又开始活动了。德博泰内深陷绝望，国王则大为光火。至于法兰西的敌国们则又开始窃窃私语，冷嘲热讽了。路易十五和那些宫廷猎手被热沃

遭怪兽蹂躏的热沃当（1766）

根据不同目击者的口述，凶兽的形象有着极大的出入，但绝大多数都会强调说那兽会以女人和稚童为优先袭击的目标，而且非常热衷于舔食受害者的血液。皇家承诺为杀死凶兽者悬赏的二千七百法镑赏金在当时是一比相当可观的巨款。

1766 年春，芒德教区用于布告公示而订制的浮雕。

当凶兽接连挫败的形象被绘成了无数张雕版讽刺漫画，在英国和德国广泛流传。媒体分成了两派，一派是讥笑嘲讽，一派则贩卖焦虑。而王国的其他区域则陷入了被恐惧支配的泥潭中，如流行病一样，迅速席卷香槟、佩里戈尔、比热以及布列塔尼。最后到了 9 月 21 日，安托万·德博泰内亲手杀死了一匹身形庞大的狼，非常出人意料的是，杀死狼的地方并不在凶兽平常出没的任何一个定点。这次他完全肯定，这就是那头怪兽，但是这次热沃当本地的人却没有那么肯定了。无论如何，国王对他的御前火枪手是信得过的，凡尔赛及时向他送来了鲜花和掌声，并将他召回宫廷。1765 年 11 月 3 日，德博泰内班师回朝。这一带终于享受了许久未见的平静安宁。从 9 月底开始，真的没有任何袭击事件再次出现。热沃当在经受了长达十五个月的恐怖笼罩之后，终于摆脱了凶兽的魅影。

但现实往往残酷，平静没有维持多长时间。12 月 2 日，两名牧牛人在马尔热里德高原北部被袭，受了致命伤；过了几天又有两名女性在十里（译者注：法国古里，每里约合四公里）开外的地方遭袭；12 月 21 日，终于，有位年轻女子被咬断喉咙而死，半身被撕咬得不成形。恐惧再次蔓延开来，而接连不断的袭击也的确并非空穴来风。热沃当本地的贵族和农户们这次再也不信任国王以及朝廷派来的任何救助了。从 1765 到 1766 年，由冬到夏，杀戮未曾停止，死亡名单越列越长。神职人员把祝祷、弥撒、朝圣以及向圣母祭祀献礼的次数增加了数倍。但你猜对了，这次仍然徒劳无功。警报与丧钟此起彼伏，不绝于耳。再次出现的凶兽敢于大大方方地进村，并在众目睽睽之下公然行凶，无论是刺刀还是打在它身上的子弹似乎都伤不了它分毫。这只凶兽几乎就是所向无敌的。

1766 年与 1767 年交界的冬天，那凶兽又给了人们一个短暂的休养生息的机会，但是从 3 月起，残杀再次开始。这年的春天才是真正屠杀的开始，凶兽的战绩升级成了每三日取一命。那些自从 1765 年底德博泰内离开热沃当后就没有新消息可写的市井小报重新启动了他们的血色专版。随着天气逐渐温暖，当地的贵族乡绅们再一次动员起来，发动全民响应，捕猎与剿杀的力度比起上一年进一步加强了。在 1767 年 6 月 19 日达普谢家的少侯爷组织的一次行动中，一个来自异国的农夫让·夏斯泰尔杀死了一匹猛然向他扑来的巨狼，这个农夫碰巧是个因异端后代罪名而累次入狱的戴罪之徒。据他的证词，击毙这头巨兽仅用了一发子弹，但考虑到这种单枪匹马孤身犯险的恶劣环境，再结合他描述的案发地点，"在莫塞山北坡特纳载尔森林里一个叫作索涅道维尔的地方"，整件事显得迷雾重重。后来又有传说称夏斯泰尔在出发打猎之前为他的步枪施了咒术，而且他的子弹都是用圣母徽章熔锻后铸成的。

这个被猎获的巨兽是雄性，貌似狼但身形体量均远超正常

FIGURE de la Beste feroce que l'on nomme l'hyene que's devore plus que 80 personnes dans le Gevaudan

A Representation of the Wild Beast of the Gevaudan, who is said to have devoured upwards of 80 Persons. From a drawing sent in April 1765 to the Intendant of Alençon in Normandy.

I. Bayly sculp

外国人眼中的热沃当凶兽（约 1766）

接下来的三年里，整个欧洲都在密切关注着热沃当兽患的发展，并持续跟踪着路易十五为彻底清除该患派出的特使是如何地无能。而对于法兰西的宿敌们来说，这刚好是一个尽力讥刺的大好机会，他们大肆宣传一个自我标榜为"伟大民族"的王国是如何连一匹如此普通的狼都打不到的。自 17 世纪就已经铲除了狼患的英格兰在落井下石、冷嘲热讽方面做得尤其毒恶。

英国雕版画，作者不详，约作于 1766 年。

巨狼（1765）

路易十五本人酷爱狩猎，为彻底消除四处行凶的热沃当凶兽，他派出了御前禁卫火枪手弗朗索瓦·安托万·德博泰内，赋予他最高权力，不惜一切代价让这头怪兽从法兰西国土上消失。在经过几个月一无所获的尴尬局面后，1765年9月，德博泰内终于猎得了一匹身形出奇庞大的狼，并将尸体即刻押送到了凡尔赛邀功。宫廷群臣蜂拥而至，来见识这头不世出的巨兽。这桩案子到这里看上去似乎就可以结了。

陈列于凡尔赛的巨兽，版画，作者不详，作于1765年。

的狼，毛色棕红，颈项粗大，尾长而多毛，体重约达一百零九
法磅（约五十三公斤），似乎就是那头凶兽无疑了。而且在它的
尸体上有无数被子弹擦伤和被利刃割伤的创痕，腹中也发现了
儿童的碎骨。凶兽真的被铲除了！消息迅速传遍了全国。但令
人不解的是，让·夏斯泰尔并没有享受到他应得的待遇，更没
有获得任何殊荣。在他按照当时的习惯把巨兽的尸体挂在马上
游行全村的时候，本地村民都不给他好脸色，而且也没有给他
献上任何礼品和奖励。而且在猛兽被杀六周后，尸体被送往凡
尔赛面呈法王，但这时尸体已经全面腐烂，散发出的恶臭使路
易十五极端不悦，责备官员耽误了时辰，诏令将尸体从速草草
掩埋了事。这件事就这么了结了，巨兽没有留下任何遗骨可供
今人作为纪念或是见证。本要详细解剖研究这头凶兽的布冯，
突然表示太忙没有时间。夏斯泰尔被赶出了宫廷，没有领到半
毛钱赏赐。但芒德的新任主教在几个月后却给了他二十六法镑
的赏钱。这个曾经声名狼藉的农夫归化成了虔诚的基督徒，活
了很久，于 1789 年去世。至于那头凶兽嘛，倒是的确死透了。
但是关于它的传说和演义才刚刚开始，史料层出不穷，直到汗
牛充栋。

　　从 10 世纪晚期开始，以热沃当凶兽的故事为题材的作品层
出不穷，关于那头嗜血凶兽真实物种的各种猜测以及对于这桩
事件的内幕秘闻也纷至沓来。这凶兽造成的死亡人数诚然令人

咋舌，但是不同的版本之间记录的数据却有很大的出入。在其活动猖獗的三年中，热沃当凶兽总共发动了二百五十余次袭击，活动领域遍及六十四个教区，放到今天大致相当于覆盖了整整一个省的地理范围。死于凶兽之口的在一百到一百三十人之间，另外重伤的还有七十余人。死者中三分之二是女性，四分之三是不超过十八岁的青少年。这头凶兽对于妙龄女子和小女孩表现出了明显的兴趣。另外，有一些尸体发现时的状态很明显是在被咬断喉咙并扯碎身体后才被剥光了衣服的。在部分罪案现场，尸体的头颅或是撕离的肢体被那凶兽带走，直到离尸体好远的地方才丢弃。还有一些场景会让人联想到，似乎凶兽在袭击并处死猎物后，还发生了一系列令人见之胆寒的诡异事情。比如一位牧师的证词中所描述的小加布里埃尔·贝利西耶的死状就令人匪夷所思。那是发生在 1765 年 4 月 7 日的袭击案，死者年纪只有十七岁，"那凶兽吃掉了尸体的绝大部分，然后居然细心地将残骨尸骸与被割下的头颅整整齐齐地原样摆好，还将衣服和帽子盖在尸体上，以至于当人们在黄昏前来寻找那男孩的时候，都以为他只是睡着了"。

　　除此之外，这个凶兽的一些行为上的细节特征极大地引起了当代人和历史学家们的兴趣。我们知道那些猎狗在凶兽接近的时候会表现出极端的恐惧，即使是最勇猛凶悍的打狼队专用犬也难免噤若寒蝉，但牛与猪等动物似乎并没有受到什么惊吓。

而且这些家畜有时居然还无所顾忌地冲向那猛兽，毫不畏惧地
与之对峙，使牧牛人或是猪倌居然得以全身而退。再者，这凶
兽选择猎物的口味也颇诡异，它似乎对人的兴趣超过其他的动
物：并不是说它不攻击畜群，但是它似乎是专门冲着有人类在
那里才发动的攻击，而且从不畏惧。还有一个让人不解的就是
它移动的速度，因为某天它在某个村庄附近发动了一次袭击之
后，仅过了几个小时，它就又出现在十几里（约四十公里）之
外的地方，发动了另一次攻击，这几乎需要某种能瞬间移动的
超能力了。最重要的是，那头凶兽似乎对于任何锐器的割伤刺
伤都无知觉，甚至是近距离被开枪射中，子弹也无法制止其行
动，仿佛当真是坚不可摧的。

从这些资料中，有些好事的作者提炼出了很多暴论，认
为这种凶兽不是狼属而是多种兽类杂交的异化产物，如狼狗杂
交、狼狮杂交，甚至还有人提出是狼与人类女性生产的杂种。
还有一些稍有技术含量的看法，认为这个凶兽不是同一匹狼，
而是一个甚有可能感染了狂犬病的狼群的集体行动。也有一种
说法认为这个凶兽袭击疑案背后是有人在暗中操作，至少老马
丁·丹尼瓦尔在当时就是这么考虑的，他怀疑这兽是为人所御，
估计应该是个有施虐癖和性变态的反人类分子，纯粹为了作
恶而作恶，或是在进行某种复仇行动。如果是这样的话，那么
让·夏斯泰尔——那个出乎意料的凶兽杀手——就是最大的嫌

FIGURE DE LA BÊTE FÉROCE, qui ravage les alentours d'Orléans.

Réduction fac-simile.

奥尔良的凶兽（1814）

热沃当凶兽事件造成的舆论反响传播范围极广，造成的恐怖气氛如此之深远，乃至在接下来的几十年间全国各地"兽影"四起，"兽报"频传，不只局限在法国境内，就连邻国都纷纷凑起热闹。其中最广为人知的当属奥尔良凶兽。这头凶兽在 1806 年和 1814 年活跃过两次，活动范围基本上分布在奥尔良、博让西、旺多姆和尚吉地区之间。很多目击者将它形容为一匹身形庞大的狼，全身覆盖着鳞甲，身后拖着两条尾巴。有些人说它长着角，还有人更夸张，一口咬定它长着一张人脸。

无名墓碑（彩色），立于 1814 年。

疑人，或者是行事更加乖张的他的儿子安托万；也有人说这对父子都是一位本地落魄的贵族让·弗朗索瓦·夏尔·德莫航热伯爵操纵的棋子。这些阴谋论的假说很引人入胜，但是很难做到自圆其说，就像有人分析的：那凶兽之所以刀枪不入是因为有人给它绑上了野猪皮鞣制的皮甲，可以挡住枪械子弹和钢铁的刀刃。

但严肃说来，这些细节都不是那么重要，对于历史学家来说，值得关注的焦点不在这里。我们关注的更多地在于一种集体恐惧的现象，这个事件发生在距 1789 年的"大动乱"早二十几年的时期，波及了南部法兰西全境，并间接地宣告了未来可能会发生的另一桩惨剧。另外值得研究的是热沃当凶兽事件在各地播下恐怖的种子之后，新的"凶兽"突然在各地凭空出现的现象，在这些事件中热沃当案可以说是最为著名的一起，但绝对不是孤例。1814 年在奥尔良近郊尚吉地方出现的另一只凶兽，尽管只活跃了数个月，但在当时几乎和热沃当凶兽掀起的狂潮不相上下。最后我们再提一个更加值得深入探讨的问题，那就是媒体与宣传画在当时起到的巨大作用。在 1764～1767 年间发生的热沃当兽案可以说是史无前例的首个在全法国范围内（乃至于包括欧洲其他国家）引起了广泛关注的社会新闻，尽管其热度持续时间不长，但是（至少在最初的十五个月）几乎每天各种小报上都写满了关于此事的进展跟踪报道与评论，并把

一只身份物种不明的巨型怪兽捧成了头版明星，一时间描绘其
形象的小册子和雕版画在全国和几个邻国很是风靡了一阵。

11 —— 近现代关于狼的
信仰与忌讳

◀ **啸月之狼**

狼、熊、狐狸以及其他几种特定的野兽与月亮有着特殊的玄妙联系。在夜间（特别是秋冬季的长夜），狼经常会望向月亮的方向，发出凄厉的嗥叫。一些古典作家认为，狼作为阿尔忒弥斯辖下的众兽之一，多少对于月亮有着孺慕之情。另有一些人则持相反的论调，言之凿凿地说是月亮偷去了狼的影子，所以狼揪着冤亲债主不放是在讨要影子。今天民俗学和动物学者们解释说，狼的啸月行为是与同类进行沟通的手段，特别是在准备猎取食物的时刻，通常也就是在黄昏或是夜晚。而它引颈向天的动作其实是为了能更加顺畅地发声，这样它们的叫声最远能够传到方圆十公里外。

　　迷信在近现代的表现与其在中世纪的表现并无二致，但由
于年代更近，所以档案记录更为完备，在我们看来就有一种似
乎更为多样化的印象。在旧制度时期，有些教职人员致力于详
细记载其教区内出现的各种信仰，以期能将其逐一消灭。法国
境内在这方面比较有名的先驱者应属沙特尔地区的神甫让·巴
蒂斯特·梯也尔（1636～1703）。梯也尔神甫在全国范围内二十
多个教区间建立了一套发达的通信网络，从而得以汇编成了一
份关于"迷信概览"的重要文献，这部作品既有猎奇性质又富
有教育意义，于 1679 年首次出版后多次再版，每一次都追加了
相当丰富的新材料，直到 1777 年在阿维农出版的最后一版，体
量已达整整四卷，而此时梯也尔神甫早已辞世几十年了。这些
教会神职人员的著作往往是我们在研究 17～18 世纪乡土传统与
民间信仰时可参考的最佳史料来源，在此之后有很多狗尾续貂
和东施效颦的作品，都不够令人满意。再后来，法国内外的民
俗学者、民族学者以及乡土学术社团从教会手中继承了这项工
作，发掘出的文物与史料出现了爆发式的倍速增长，这种势头
一直延续到第一次世界大战爆发。

　　在卷帙浩繁的信息当中，野生动物有着自己的一席之地，
狼（与乌鸦一起）再一次被推到了台前。20 世纪初的时候，对
于狼的恐惧情绪在任何地方都是一样的（即使是在过往从来没
有狼出没过的地区也不例外），各种传说、防狼政策、迷信仪式

层出不穷。起哄绝大多数都与遇狼之凶险有关。在一年的不同月份以及一天的不同时辰遇到狼，有着不同的预兆，可能带来的风险也大有差异。早上遇到狼是比较走运的，因为这只会让你失声，而若是晚上遇到了狼可就倒霉了，因为这会导致整个人全身麻痹，动弹不得，任凭宰割。在夏天遇狼比在冬天遇狼脱险的可能性更大。一年中最可怕的遇狼时间是在圣诞节前后接近黄昏的那阵，而最糟糕的遇狼场地是在森林的边缘以及墓地里，遇到的狼最怕是毛色棕红、黑色或是带有条纹的，而灰狼就明显没有那么强的攻击性。狼通常在冬至到主显节之间的这段时间是尤其凶险的。在很多说德语的地区都把每年的这段时间称为"狼季"（Wolfzeit），因为长夜、酷寒、猎物稀少使得这些食肉野兽的危险性在此时臻于顶峰。

狼在世界各地都因凶残、狡诈和食人而臭名昭著，人们为了自我防御想尽了各种办法。而在当时的人们心目中，最有效的手段莫过于向专门的圣徒祈求守护：在法国有圣犹士坦、圣热内维、圣埃尔维、圣于贝、圣洛朗、圣卢普；在意大利有圣安布罗斯、圣博莱瑟、圣多拿狄、圣方济各、圣奥努弗里；在日耳曼诸国有圣布赖斯、圣康拉德、圣日多达、圣鲁多夫、圣西珀特、圣沃尔夫冈；在英伦三岛上（尽管狼自很早的时候就在那里绝迹了）还有圣碧瑾、圣卡拉多、圣哥伦巴、圣埃德蒙、圣派翠克。牧羊人为了守护自己的畜群，开发出了形式种

▲ 历史绘卷中的狼（1877）

19世纪绘制的大量历史绘卷，很多都是取材于中世纪的场景，很多人物、建筑与主题是必然会出现的，比如城堡、教堂、十字军、骑士、校场比武、圣殿骑士、恶魔、巫师、炼金术士……其中就很应该把狼算上，在野生动物中它们是出现频次最高的。这幅作品中描绘的却是一匹非常温驯的狼，这就是亚西西的圣方济各在意大利古比奥驯化的那匹狼了，在画中我们可以看到屠夫拿肉喂它，有个小女孩亲昵地抚摸它的头，特别是在它头顶上浮现出淡淡的一圈光环。

《古比奥的狼》，吕克-奥利维·默森，作于1877年，藏于里尔，里尔美术宫，藏品号P500。

御狼术士（1858）

在某些偏远的乡村流传着源自中世纪早期的御狼术士信仰，一直到19世纪才逐渐消散式微。这些形色可怖的怪人据传是掌握了驯狼之术的巫师，有些人说是因为他们懂得说狼的语言，有些人则认为他们是用某种乐器来感召狼群行动。如果遇到这样的御狼者，最好别惹他，更不要反抗，否则他们会放出狼来攻击本地的畜群，甚至杀戮妇孺。

《御狼术士》，莫里斯·桑为他母亲乔治·桑的著作《民间传说集》所绘制的插画，1858年出版于巴黎。

类极为丰富的护身符（这些物件绝大多数取材于狼自身，如狼毛、狼尾、狼牙、狼爪等）、吉祥物、符箓、咒语以及多少渗透着基督教色彩的祈祷文。其中流传最广的一部是《荡狼主祷经》，但其内文在不同的地区存在很大的差异。在 17 世纪的阿登大区，这种咒文通常是这样的："雄狼、雌狼、少狼，吾奉现世主神之名咒缚与尔等：尔等于吾而及吾之蓄养无堪受奉养之德，正如尔主大邪之首于吾圣堂之牧无堪受奉养之德。愿吾圣乔治大德封汝之巨口，愿吾圣若安大德断汝之利齿。"在 18 世纪的香槟大区则是这样："放牧七年的圣热内维，求你看护我的畜群莫受狼袭；圣玛丽，求你羁束那狼；圣阿加特，求你拴住它们的利爪；圣卢普，求你扭断它们的脖子！"话虽如此，但在那个年代，往往只要象征性地发出赶狼的嘘声，在心理上基本就算是把狼轰跑了。所以在诺曼底从 12 世纪到 18 世纪基本都是用同一套招式："咄！滚吧狼！咄咄咄！"另外，在对于狼的态度方面，人们往往倾向于去绥靖和讨好，而不是直接诅咒，民间流传很广的说法认为，牺牲掉一两头羊羔献给狼享用是很能见效的驱狼维护畜群安全的良方。

比狼更可怕的是御狼术士。相传这种术士与地狱魔鬼订立了盟约，因此具有了操纵这些凶兽的能力，他们会发出让狼能够理解的指令，保护狼群避开围猎者和打狼团，将它们藏匿在自己隐居的山洞或阁楼里，作为回报，狼有时候会向对术士及其家人不敬的邻居发动复仇，杀掉他们畜养的牲畜，甚至袭击妇孺。但术士也同样可以约束这些凶兽，制止它们肆意破坏，滥杀无辜。这些人神龙见首不见尾，在史料中给人留下的印象也是暧昧不清，后来的传奇文学通常把他们表现为古装打扮，服色或是樵夫，或是羊倌，甚至还有的将其描绘成古时候的狼人。他们通常戴着红色手套，拉着用狼肠为弦的小提琴，身后跟着一群狼。若你偶然碰上这么一位，一定要毕恭毕敬，笑脸相迎，他找你要喂狼的食物你千万要给足。如若不然……后果可想而知。

但是狼死了以后，却浑身都是宝。这时候它们不再有任何威胁了，而且狼身体上的很多部件都可以用来作为医疗或是预防疾病的神器。狼皮用来做大衣的话，质量固然不佳，但保暖效果格外好，而且还有驱赶野兽的功用，对于野猪、熊、蛇等有奇效，当然还包括其他的狼。同样，若用狼爪、狼牙、狼皮做成护身符带在身上，可以起到退治恶灵及其他邪门力量的作用。把狼头或是狼爪钉在房屋或是马厩的门上，据说可以阻止扒手、巫师和恶魔进入。把狼心和狼肝晒干磨成粉，就可以用来炮制魔药，治愈多种蚊虫叮咬、跌打损伤、恶性肿瘤、痈疮溃烂、癫痫抽搐，药粉甚至具有起死还阳的神力。但狼的体液和器官往往最能见奇效的领域，莫过于提升性能力：狼油、狼精、狼尿、狼血、阳具和尾巴都可以入药，制成各种能为男性带来强悍性能力的药水、药膏、春药甚至功能性饮料，能让常年不孕不育的妇女怀上孩子，也能保证夫妻之间的忠贞，让女方免于出轨私通。

有些迷信的说法常会把狼与恶魔崇拜、黑弥撒活动联系起来。我们前文中已经提到过中世纪出现的这种传说，但是到了近现代，又有了很多新的表现形式。比如有这样一种传说，讲的是当恶魔之主最初创造狼这种生物的时候，甫一出生的狼崽就咬伤了恶魔的脚踝，使它永远落下了跛脚的残疾。于是，在历史的长河中，撒旦就刻意聚集了一长列或是跛脚或是无法直立走路的随从跟班们，比如赫淮斯托斯、狄奥尼索斯、伊阿宋、俄狄浦斯、列那甚至包括雅各，这些人或生灵就往往被视作祸水、罪人或是恶神，"与上帝相对抗的人们"。因此所有跛脚的生灵都会引人恐惧和唾弃。一直到18世纪，很多修道院的法度以及宗教敕令都明令拒绝跛脚的人入内，但受此歧视的情况并不仅于此，还包括私生子、独眼龙、口吃者、痴呆者以及驼背者。

在与狼旷日持久的交战中，人们得到了一条非常重要的经验，那就是狼虽然并非真的跛脚，但的确在后腿下盘存在着严重的缺陷，其力量和平衡都集中在前半身，其骇人的残暴特征也都依赖前半身。所以在猎杀狼的战役中，最好是从背后偷袭，逼狼回头或是转身；在一些绘像中会有骑士骑在狼身上的形象，手里拿着火烛，头扭到后面看着狼的尾巴，这也算是对于狼形象的一种漫画式的丑化。

近现代的信仰中还总是不忘强调狼与月亮之间的关系。关于这个主题，有几种古时候流传下来的传说：有的讲月亮偷了狼的影子，狼会对月嗥叫是为了讨回属于它的东西；有的则相反，说狼爱上了月亮，所以几乎每到月明之夜都会向天吟唱自己的爱恋之情。但一些年代较近的文献给狼的这种举动提供了一个更加富有传奇色彩的解释。话说在很久很久以前，地球上正在经历一场漫长的冬夜，月亮降临到世间探险，查访某件令她好奇的事情。但在一个森林中，她被挂在了虬结缠绕的树枝树藤之间，无法脱身。最后是狼出现帮她解了围。到了清晨时分，月亮不得不逃回天上，但她带走了狼的影子，作为与狼共度如此难忘一夜的纪念物。从此以后，狼就经常向天嗥叫，向月亮问个清楚，也寄期望于她能再度回到它的身边。而且，在月相变化的不同阶段，狼的啸月之声也有所不同，或高亢或低沉。

这个美丽的传说迅速传遍了欧洲，甚至扩展到了近东（在这些地方，主角有时会由狼变成熊或狐狸），这其实很大程度上可能是暗合了希腊神话故事中的一些元素：阿尔忒弥斯既是月亮女神，又是狩猎女神，每到夜里，在她庇护下的野兽们都会望着月亮，高声颂唱对女神的崇敬、感恩与敬仰之情，向她宣誓效忠。

12 —— 当代文化中的狼形象

◀ 童书中的狼

当代的童书中绝大多数关于狼的内容都是对狼固有形象的平反。它们不再像在古典故事中一样，只作为贪婪凶残的野兽存在，而是一种相当讨喜的动物，因为遭受误解和偏见而饱受心理上的折磨，总是试图与所有人做朋友，特别是正在看书的小读者们。倒霉狼帕塔塔的故事就讲述了这么一只狼，行为举止滑稽可笑而且总是遇到倒霉事，但它心心念念盼望的只是有个人能够祝它生日快乐而已。

《帕塔塔！》，菲利普·寇郎丹，巴黎，娱乐高校出版社 1994 年版。

　　狼作为一种长久以来被人们惧怕、谴责、污蔑、憎恨的诸恶之首形象，已经构成了一部丰富翔实的文化史，但是这种形象还有多少在影响着我们当今的社会文化呢？说实话，真不太多。有些关于人名或地名的专有名词还残留着与狼有关的印记；逐渐在历史的长河中消失亡佚的民间传说中还留下了些许有狼出场的传奇故事或民俗仪轨；另外就是现代语言中从古代文献借用来的俗语和表达方式，比如："黄昏日落时"（狼狗难分之时）、"酷寒"（有狼出没的冬日）、"轻手轻脚"（像狼一样行动）、"鱼贯而行"（踩着狼尾巴走路）、"飞蛾扑火"（投身狼口）、"声名远播"（像白狼一样出名）、"说曹操，曹操到"（说到狼就看到尾巴）等等。

　　从 19 世纪开始，人们发明了狂犬疫苗，狼突然不再经常绕着村庄闲逛，似乎行事越发谨慎起来，这不仅在现实中确实如此，在人们的想象空间中也有着同样的感觉。这段时期的文学作品（特别是儿童文学）打响了对狼解密、美化、翻案的第一炮，然后相关的书籍、儿童玩具大量跟进，后来又有了卡通动画、漫画、影视作品、纪录片以及电子游戏。大坏狼的形象逐渐演变成了善良的小狼、狼兄弟、人类的挚友、勇敢护子的母狼，特别是狼群行为，甚至常被视作团队协作的典范。从此之后，无论是在故事还是在小说作品中，贪婪无度、暴戾粗鄙的人类往往比狼更加凶险可憎。抑或是那些平素看上去人畜无

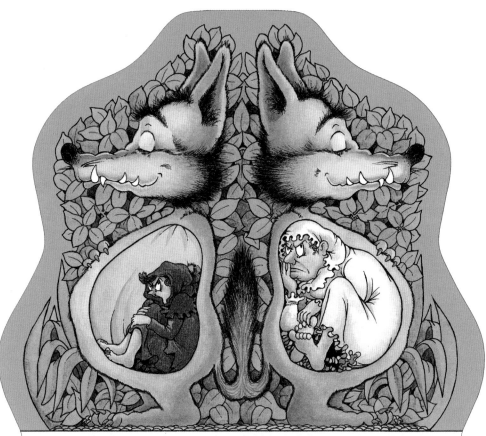

Dans le loup, il y a le Petit   Chaperon rouge et sa grand-mère.

狼腹之中（2007）

在大量的童书作者眼中，对那些脍炙人口的经典故事进行二次加工，或移花接木、花式拼接，是一种非常难以抗拒的诱惑。这里展示给读者的是克劳德·庞帝版本的《小红帽》中的一个场景：小红帽和她外婆被恶狼吞进了肚子，但还没有死去。在几页之后我们可以看到猎人剖开了狼腹，救出了一老一少，并把石头缝在了狼腹里。

《狼腹逃生》，克劳德·庞帝，巴黎，娱乐高校出版社 2007 年版。

害的动物其实心地阴暗狡诈，有时甚至会用狼的刻板形象来进行反衬。这样的例子包括情节翻转的故事《绅士狼和三只小恶猪》，曾被多次拍成反响热烈的卡通影片；还有散文诗体裁的《三只小狼和大坏猪》，也被收入了大量的儿童文学集中，广为流传。这个故事我们来展开说一下。三只可爱的小狼决定各自用不同的建筑材料来搭自己的房子，但是它们没有想到大坏猪一心想要破坏它们的梦想。在那个世界的设定中，大坏猪的能力无人能敌，无论是木头房子、砖房子还是钢筋水泥都顶不住它的邪恶力量。顺理成章地，那猪一个一个地摧毁了三只小狼的房子，包括水泥做的小楼。于是小狼们想出了一个主意，它们用美丽的花做成了一个大房子，大坏猪陶醉在花的灿烂和芳香中，忘记了行凶，小狼们成功地保护了自己。

在给狼的形象洗白的历史进程中，重要的先驱者就是英国著名作家卢德亚德·吉卜林（1865～1936），他的代表作《丛林之书》两卷本初版发表于1894年。这部世界名著是一套中短篇小说集，主要情节都是丛林里的野生动物之间发生的故事。其中最关键的一个主人公叫作莫格力，是个在丛林里被父母遗失的印度小男孩，后来被狼群接纳并养育成人，从此活跃在丛林深处。他的故事老少皆宜，里面编营了很多现实中的社会伦理。莫格力身边有很多保护关怀自己的动物，这些动物在书中的形象都是阳光正面的，比如他的养母母狼拉夏、义兄弟阿灰、狼群族长老狼阿基拉，还有三个亦师亦友的好伙伴：大熊巴鲁、黑豹巴奇拉、蟒蛇卡阿，它们同心协力对抗森林中的反派动物：老虎、胡狼、猴子，还有豺狗等。狼群是一种自由度相当高的种群组织，丛林也是一种非常能够培养人的环境，尽管并不见得那么理想。后来的童子军组织也借取了传说中的"狼群"模式，用来严格训练自己的年轻"狼崽"（8～12 岁的孩子）。

吉卜林的作品应该也吸取了当时很多"野人孩童"的报道和故事。当时的花边小报中记载了一些完全脱离了人类社会，由动物社群接纳并养育成人的孩子的新闻。这些故事并不都是神话传说（如帕里斯、罗慕路斯和雷穆斯）或是文学创作（瓦伦丁与奥尔森、人猿泰山）的范畴，有些是真真切切的历史案例，很多档案保存到了今天。从 17 到 19 世纪，在中欧、德国、瑞士、斯堪的纳维亚乃至法国范围内，很多起目击"狼孩"的事件被报道出来。其中有一些证据是很拙劣的造假，但另有一些看起来很像是真的。比如约瑟夫·乌尔西尼的案例：1663 年人们在波兰的原始森林深处发现了一个被熊哺乳养育并看护照顾的幼儿，这种状态至少持续了数月之久，但也有可能已经维持很多年了。再比如 1797 年在阿韦龙地区发现的维克多的案例就截然不同。那孩子用四足行走，以草木为食，怕水，既聋又哑，全身大部分长满密毛，看上去活像一头野兽，不过他对

于狼和熊这类动物没有任何亲近之情，似乎也不怎么熟悉，表现出明显的恐惧神态。他只是个被遗弃的孩子。他的故事在1970年被弗朗索瓦·特吕弗导演搬上了银幕，片名叫作《野孩子》。

20世纪初，另一位杰出的作家接过了为狼转换形象的大旗，那就是美国作家杰克·伦敦（1876～1916），他创作了很多以野生自然环境为背景的冒险小说，他最钟爱的主角就是狼或狼狗。比如《狼的儿子》（1900）、《荒野的呼唤》（1903）、《白牙》（1906）。《白牙》这本书讲述的是一只公狼与母狗生下的串种狗的苦难生涯，因为对自由的无限热爱，它无论是在狼群，还是在犬类中都找不到自己存在的位置，也同样无法被人类所接纳。

从20世纪30年代起，狼变成了儿童文学、画报、漫画以及电视动画的明星角色。在这些环境下，狼的形象变成了滑稽

狼群中的莫格力（2016）

《丛林之书》（*The Jungle Book*）原本是英国作家卢德亚德·吉卜林在1894年出版的短篇小说集。书中绝大多数情节发生在印度，讲述一个小孩子被狼群收养逐渐长大成人的故事。这本书出版后获得了极大的成功，多次被拍成电影（多是动画电影），并被改写成各种版本的童书或绘本。

《莫格力与狼群》，塞巴斯蒂安·贝隆，选自《海狸爸爸讲故事》，巴黎，弗拉马利翁出版社2016年版。

儿童毛绒玩具中的狼形象

在不同的时代，儿童毛绒填充玩具所选择的动物形象也是有很大区别的。最受欢迎的一向是熊，而狼的形象过去一贯由于其意向太过负面而缺席这种 IP 衍生，现在也终于收复了失地，这证明了时代价值观无可置疑地在发生着翻天覆地的变化。

耍宝、怪异夸张，但却总是非常讨喜的另外一种面相。就算是泰克斯·艾弗里笔下那只劣迹斑斑、色迷心窍、傲慢狂妄的大盗"歪心狼"也引发了很多观众的同情，认为它遭受了太多不讲理的嘲弄，对它的羞辱也过度严重了。鉴于它笨手笨脚的行为，无法控制自己本性的冲动，它总能让我们联想起《列那狐传奇》中的伊桑格兰。但歪心狼的形象远比伊桑格兰性感，特别是在改编自著名童话的卡通电影《田园小红帽》中表现出的形象最为典型。在故事的开头，老狼走进一家夜总会，看到小红帽正在表演一出风情撩人的钢管舞节目。被撩得意乱情迷的老狼想要勾搭小红帽与她过夜，但女孩向他解释说自己跟外婆约好了要去看她，而且立刻就得走了。老狼紧赶慢赶想要赶在小红帽之前在那里等她，但他一到外婆家，就遇到了小红帽的外婆——一个比他更加欲求不满的老太太，一心想要勾引老狼，甚至诱奸不成还要用强。老狼用尽了浑身解数，吃了无数苦头才终于摆脱老太太的魔爪。痛定思痛，老狼发誓永远不再贪恋女色，无论是老妪还是窈窕少女。

在这几十年间，有志于捍卫狼的形象的人们不再仅满足于在影视文学和艺术创作领域中的各种翻案，而是辅以更加激进的实践活动。从20世纪70年代起，政治生态学术圈也加入了维护狼的队伍，他们为这种动物在数百年来遭受的不公正待遇和评价叫屈，他们辩称人们对于狼的偏见与歧视是毫无根据的，

泰克斯·艾弗里笔下的大色狼（1943）

泰克斯·艾弗里笔下的"歪心狼"在"乐一通"系列动画中露了几面后，被正式编进了一部反纳粹的卡通片《闪击狼》中担纲头号反派，并在 1942 年首登大银幕。但使它真正家喻户晓的作品，还是一年以后播出的那部爆笑改编版《田园小红帽》，歪心狼被塑造成了一个怪诞、夸张而且色迷心窍的形象。

《田园小红帽》，泰克斯·艾弗里，1943 年动画脚本，米高梅公司出品。

狼是一种能够煽动民意的动物（2016）

在法国某些特定地区重新引进野生狼并加以保护的议题在当地引起了激烈的争议，并激发了数次抗议游行。一方面牧民和猎人激烈反对这项决议，另一方面，生态学家和主张保护宏观生态的拥护者则强烈支持这项行动。但无论是哪一方的观点看上去都是经不起推敲的：责备狼吃羊羔固然是没有道理，但是假以人力把早已消失了一个世纪的狼再重新引回来的做法，又能好到哪儿去呢？还不是同样地荒谬绝伦。但是我们法兰西政府做出的选择超出了人们的想象，他们不但鼓励重新引进狼种的做法，而且同时还批准每年定期杀死一定配额的狼种。所以，狼真的是一种会把人逼疯的动物啊！

抗议对狼进行灭绝性猎杀的游行，里昂，2016年秋。

而且常常会丝毫不假考虑地对其执行种族灭绝政策。现如今，这些学者常常建立起非常活跃且观点激进的组织，他们的主张片面强调狼在维护自然生态群落平衡中不可或缺的作用，因此他们不仅号召要让狼重回欧洲，而且还要有计划地保护，确保它们享有在自然生活状态下生存与发展的权利。法案与牧民之间的冲突是非常激进的，因为狼回来后最直接的受害者就是他们的羊羔，另外猎人们也旗帜鲜明地反对，他们将狼看作与他们争夺相同猎物（主要是大型鹿科动物）的难缠对手。狼在近现代就如在中世纪和旧体制时期一样，是很容易触动人民敏感神经的动物。

更不要说那些狼类的保护者，因为有动物学家和生态学家给他们撑腰，他们还在为给狼恢复名誉做着不息的抗争，意图推翻长久以来狼类被谴责为残忍的食人杀手的形象，认为狼至少对于食人并没有特别的兴趣。在他们看来，这些指责缺乏实际依据，除了在染上了狂犬病的状况下，狼一般是不会主动袭击人类的。在此基础上，他们与历史学家发起了又一轮论战，因为历史学家拿出了确凿的证据作为支撑，直指那些翻案派的说法是无稽之谈，毕竟从 15 到 19 世纪这段时间，狼不仅是羊群畜群的天敌，对于男人、女人、孩童来说其危害程度是丝毫不逊的，这个事实无论是从表现上还是从状态上都证据确凿不容狡辩，所以这种激战往往会吵得非常难看。

在动物保护事业的狂热拥护者的带领下，一股对于信史资料和历史学界公认研究成果的翻案思潮已经出现，这是令人细思极恐的。如果任由这种趋势持续下去，那么不仅是历史，基本上人类所有科学领域的贡献和成果都将难免在不久的将来受到势力逐渐壮大的自然科学与生物学实证主义学风的攻讦、污蔑与诋毁。将我们目前手边掌握的有限的知识硬要以一种普适的姿态用在永恒且统一的真理中，不加任何历史辩证主义的判断就去解释过去，乃至远古时期发生的事情，这样的做法不仅荒诞，更容易出现严重的问题。

◄ **硝烟再起**（2010）

近年来，狼群开始自然回归，人们也开始考虑在欧洲某些狼迹已绝数十年之久的地区重新引进狼种，这种议题激发了民间激烈的讨论，牧人要靠畜牧为生所以坚决反对，而这项政策的拥护者则是环境保护活动者，他们为狼请愿，要求给予它们在原始自然环境中的生存权利。这场论战引发了很多"挺狼"或"反狼"主题创意宣传画的诞生，形式包括海报、招贴画、横幅标语、新闻公告、口号宣言乃至儿童画册。

参考书目

1. 文献素材

TEXTES ANTIQUES

Apollodore, *Bibliothèque*, éd.
G. Frazer, Londres et New York, 1921,
2 vol.
Aristote, *Historia animalium*, éd. et
trad. M. Camus, Paris, 1783, 2 vol.
—, *Historia animalium*, éd. et trad.
A. L. Peck et D. M. Balme, Londres,
1965-1990, 3 vol.
Augustin (saint), *Sermones*, Turnhout,
1954 (*Corpus Christianorum, Series
Latina*, 32).
Élien (Claudius Aelianus), *De natura
animalium libri XVII*, éd. R. Hercher,
Leipzig, 1864-1866, 2 vol.
—, *De natura animalium libri XVII*,
éd. A. F. Scholfield, Cambridge (États-
Unis), 1958-1959, 3 vol.
Oppien, *Cynégétiques*, éd. A. W. Mair,
Cambridge (États-Unis), 2002.
Ovide (Publius Ovidius Naso), *Les
Métamorphoses*, éd. G. Lafaye, Paris,
1928-1930, 3 vol.
—, *Les Fastes*, éd. R. Schilling, Paris,
1992.
Pausanias, *Graecae descriptio*,
éd. F. Spiro, Leipzig, 1903, 3 vol.
Pline l'Ancien (Gaius Plinius
Secundus), *Naturalis historia*,
éd. A. Ernout, J. André *et al.*, Paris,
1947-1985, 37 vol.
Solin (Caius Julius Solinus),
Collectanea rerum memorabilium,
éd. Th. Mommsen, 2ᵉ éd., Berlin, 1895.
Xénophon, *Art de la chasse*,
éd. E. Delebecque, Paris, 1970.

TEXTES MÉDIÉVAUX

Albert le Grand (Albertus Magnus),
De animalibus libri XXVI, éd.
H. Stadler, Münster, 1916-1920, 2 vol.
Alexandre Neckam (Alexander
Neckam), *De naturis rerum libri duo*,
éd. Th. Wright, Londres, 1863 (*Rerum
Britannicarum medii aevi scriptores,
Roll Series*, 34).
Barthélemy l'Anglais (Bartholomaeus
Anglicus), *De prioprietatibus rerum...*,
Francfort-sur-le-Main, 1601 (réimpr.
Francfort-sur-le-Main, 1964).
Bestiari medievali, éd. L. Morini,
Turin, 1996.
Bestiarum (Oxford, Bodleian Library,
Ms. Ashmole 1511), éd. F. Unterkircher,
*Die Texte der Handschrift Ms.
Ashmole 1511 der Bodleian Library
Oxford. Lateinisch-Deutsch*, Graz,
1986.
Brunet Latin (Brunetto Latini), *Li
livres dou tresor*, éd. F. J. Carmody,
Berkeley, 1948.
Capitularia regum Francorum,
éd. A. Boretius et V. Krause, Hanovre,
1893-1897, 7 vol. (*Monumenta
Germaniae Historica, Leges*, II).
Gace de la Buigne, *Le Roman des
deduits*, éd. W. Blomqvist, Karlshamn
(Suède), 1951.
Gaston Phébus, *Livre de la chasse*, éd.
G. Tilander, Karlshamm (Suède), 1971
(*Cynegetica*, XVIII).
Guillaume d'Auvergne, *De universo
creatorarum*, éd. B. Leferon, dans
Opera omnia, Orléans, 1674.
Guillaume le Clerc, *Le Bestiaire divin*,
éd. C. Hippeau, Caen, 1882.
Hardouin de Fontaines-Guerin,
Le Trésor de vénerie, éd. H. Michelant,
Metz, 1856.

Henri de Ferrières, *Les Livres du roy
Modus et de la royne Ratio*,
éd. G. Tilander, Paris, 1932, 2 vol.
Huon de Méry, *Le Tournoiement
Antechrist*, éd. G. Wimmer, Marbourg,
1888.
Isidore de Séville (Isidorus
Hispalensis), *Etymologiae seu
origines*, livre XII, éd. J. André, Paris,
1986.
Jean Froissart, *Chroniques* (livres III
et IV), éd. P. Ainsworth et A. Varvaro,
Paris, 2004.
Konrad von Megenberg, *Das Buch der
Natur*, éd. F. Pfeiffer, Stuttgart, 1861.
Legum nationum germanicarum,
éd. K. A. Eckhardt, Hanovre, 1962,
5 vol. (*Monumenta Germaniae
Historica, Leges*, I).
Liber monstrorum, éd. M. Haupt,
Opuscula, 2 vol., Leipzig, 1876, p. 218-252.
Philippe de Thaon, *Bestiaire*,
éd. E. Walberg, Lund et Paris, 1900.
Pierre de Beauvais, *Bestiaire*,
éd. C. Cahier et A. Martin, dans
*Mélanges d'archéologie, d'histoire et
de littérature*, tome 2, 1851, p. 85-100,
106-232; tome 3, 1853, p. 203-288;
tome 4, 1856, p. 55-87.
Pierre Damien (Petrus Damianus),
De bono religiosi status, Patrologia
Latina, vol. 106, col. 789-798.
Pseudo-Hugues de Saint-Victor, *De
bestiis et aliis rebus*, Patrologia Latina,
vol. 177, col. 15-164.
Raban Maur (Hrabanus Maurus),
De universo, Patrologia Latina, vol. 111,
col. 9-614.
Reinhart Fuchs, éd. J. Grimm, Berlin,
1834.
Richard de Fournival, *Bestiaire
d'Amour*, éd. C. Segre, Milan et
Naples, 1957.

Le Roman de Renart, éd. A. Strubel et al., Paris, 1998 (Bibliothèque de la Pléiade).

Saxo Grammaticus, *Gesta Danorum*, éd. J. Olrik et H. Raeder, Copenhague, 1931.

Thomas de Cantimpré (Thomas Cantimpratensis), *Liber de natura rerum*, éd. H. Böse, Berlin, 1973.

Twiti, *La Vénerie de Twiti*, éd. G. Tilander, Uppsala, 1956 (Cynegetica, II).

Vincent de Beauvais (Vincentius Bellovacensis), *Speculum naturale*, Douai, 1624 (réimpr. Graz, 1965).

Ysengrimus, éd. et trad. J. Mann, Leyde, 1987.

TEXTES MODERNES

Aldrovandi (Ulisse), *De quadrupedibus solipedibus. Volumen integrum Ioannes Cornelius Uterverius collegit et recensuit*, Bologne, 1606.

Buffon (Georges-Louis Leclerc), *Histoire naturelle, générale et particulière*, VII (*Les Animaux carnassiers*), Paris, 1758.

Clamorgan (Jean), *La Chasse du loup nécessaire à la maison rustique*, Paris, 1574.

Gesner (Conrad), *Historia animalium liber I. De quadrupedibus viviparis*, Zurich, 1551.

—, *Icones animalium quadrupedum viviparorum et oviparorum, quae in Historiae animalium Conradi Gesneri libro I et II describuntur*, Zurich, 1553.

Jonston (Johannes), *Historiae naturalis de quadrupedibus libri XII*, Francfort-sur-le-Main, 1650.

La Fontaine (Jean de), *Fables*, Paris, 1668-1693, 3 vol.

Magnus (Olaus), *Historia de gentibus septentrionalibus...*, Rome, 1555.

Scheffer (Johannes), *Histoire de la Laponie, sa description, ses mœurs, la manière de vivre des habitants*, Paris, 1678.

Thiers (abbé Jean-Baptiste), *Traité des superstitions selon l'écriture sainte...*, 2ᵉ éd., Paris, 1697-1704, 3 vol.

Topsell (Edward), *The Historie of Foure-Footed Beastes...*, Londres, 1607.

2. 与狼相关的史料

GÉNÉRALITÉS

Bernard (Daniel) et Dubois (Daniel), *L'Homme et le Loup*, Paris, 1981.

Bobbé (Sophie), *L'Ours et le Loup. Essai d'anthropologie symbolique*, Paris, 2002.

Campion-Vincent (Véronique) et al., éds, *Le Fait du loup. De la peur à la passion : le renversement d'une image*, Grenoble, 2002 (*Le Monde alpin et rhodanien*, nº 1-3/2002).

Carbone (Geneviève), *La Peur du loup*, Paris, 1991.

—, *L'Abécédaire du loup*, Paris, 1996.

Delvaux (Françoise) et Mossou (Maggy), *Quand on parle du loup*, Liège, 1999.

Demard (Albert et Jean-Christophe), *Le Chemin des loups. Réalité et légendes*, 4ᵉ éd., Langres, 1986.

Landry (Jean-Marc), *Le Loup. Biologie, mœurs, mythologie, cohabitation, protection*, Paris, 2001.

Lopez (Barry), *Of Wolves and Men*, Londres, 2008.

Madeline (Philippe) et Moriceau (Jean-Marc), éds, *Repenser le sauvage grâce au retour du loup. Les sciences humaines interpellées*, Caen, 2010.

Marvin (Garry), *Wolf*, Londres, 2012.

Mech (David) et Boitani (Luigi), éds, *Wolves. Behaviour, Ecology and Conservation*, Chicago, 2003.

Ménatory (Gérard), *Le Loup : du mythe à la réalité*, Paris, 1987.

Moriceau (Jean-Marc), *L'Homme contre le loup. Une guerre de 2 000 ans*, 2ᵉ éd., Paris, 2013.

—, *Le Loup en questions. Fantasmes et réalités*, Paris, 2015.

Ragache (Claude-Catherine et Gilles), *Les Loups en France. Légendes et réalité*, Paris, 1981.

Schöller (Rainer), *Eine Kulturgeschichte des Wolfs*, Fribourg, 2017.

ANTIQUITÉ

Bloch (Raymond), *Les Origines de Rome*, Paris, 1994.

Boyer (Régis), *L'Edda poétique*, Paris, 1992.

Dulière (Cécile), *Lupa Romana. Recherches d'iconographie et essai d'interprétation*, Bruxelles et Rome, 1971, 2 vol.

Gershenson (Daniel E.), *Apollo the Wolf-God*, Virginie (États-Unis), 1991.

Graf (Fritz), *Apollo*, Londres, 2008.

Guelpa (Patrick), *Dieux et mythes nordiques*, Villeneuve-d'Ascq, 2009.

Poucet (Jacques), *Les Origines de Rome*, Bruxelles, 1985.

MOYEN ÂGE

Bossuat (Robert), *Le Roman de Renart*, Paris, 1967.

Charbonnier (Élisabeth), *Le Roman d'Ysengrin*, Paris, 1991.

Flinn (John), *Le Roman de Renart dans la littérature française et dans les littératures étrangères au Moyen Âge*, Paris, 1963.

Galloni (Paolo), *Il cervo e il lupo. Caccia e cultura nobiliare nel medioevo*, Rome et Bari, 1993.

Hervieux (Léopold), *Les Fabulistes latins depuis le siècle d'Auguste* *jusqu'*à la fin du Moyen Âge, Paris, 1884-1899, 5 vol.

Jauss (Hans Robert), *Untersuchungen zur mittelalterlichen Tierdichtung*, Tübingen, 1959.

Mann (Jill), *Ysengrimus : Text with Translation, Commentary, and Introduction*, Leyde, 1987.

Millin (Gaël), *Les Chiens de Dieu. La représentation du loup-garou en Occident (xie-xxe siècle)*, Brest, 1993.

Ortalli (Gherardo), « Natura, storia e mitografia del lupo nel medioevo », dans *La Cultura*, XI, 1973, p. 275-311.

—, *Lupi genti culture. Uomo e ambiente nel Medioevo*, Turin, 1997.

Pluskowski (Aleksander), *Wolves and the Wilderness in the Middle Ages*, Woodbridge, 2006.

Scheidegger (Jean R.), *Le Roman de Renart ou le texte de la dérision*, Genève, 1989.

TEMPS MODERNES ET CONTEMPORAINS

Albanese (Ralph), *L'Œuvre de Jean de La Fontaine (1621-1695) dans les cursus scolaires de la Troisième République*, Charlottesville, 2003.

Baillon (Jacques), *Nos derniers loups. Les loups d'autrefois en Orléanais. Histoire naturelle, folklore, chasse*, Orléans, 2009.

—, *Le Loup en France au xxe siècle. Recherches bibliographiques*, Orléans, 2014.

Bettelheim (Bruno), *Psychanalyse des contes de fées*, Paris, 1976.

Comincini (Marco), éd., *L'uomo e la « bestia antropofaga ». Storia del lupo nell'Italia settentrionale dal XV al XIX secolo*, Milan, 2002.

Dandrey (Patrick), *Dans la fabrique des fables. Poétique de La Fontaine*, Paris, 1992.

Durand-Vaugaron (Louis), « Le loup en Bretagne pendant cent ans (1773-1872) d'après des documents inédits »,

dans *Annales de Bretagne*, tomes LXX (1963), p. 291-338, et LXXI (1964), p. 269-313.

Louis (Michel), *La Bête du Gévaudan. L'innocence des loups*, Paris, 2001.

Mitts-Smith (Debra), *Picturing the Wolf in Children's Literature*, Londres et New York, 2010.

Moriceau (Jean-Marc), *La Bête du Gévaudan, 1764-1767*, Paris, 2008.

Otten (Charlotte), éd., *A Lycanthropy Reader. Werewolves in Western Culture*, Syracuse (États-Unis), 1986.

Pfeiffer (Thomas), *Sur les traces des « brûleurs de loups ». L'homme et le loup en Dauphiné*, Paris, 2009.

Pic (Xavier), *La Bête qui mangeait le monde en pays de Gévaudan et d'Auvergne*, Paris, 1968.

Pourret (Pierre), *Histoire de la bête du Gévaudan, véritable fléau de Dieu*, Mende, 1881.

3. 欧洲野兽史料

GÉNÉRALITÉS

Bodson (Liliane), éd., *L'Histoire de la connaissance du comportement animal*, Liège, 1993 (*Colloque d'histoire des connaissances zoologiques*, 4 vol.).

Bodson (Liliane) et Ribois (R.), éds, *Contribution à l'histoire de la domestication*, Liège, 1992 (*Colloque d'histoire des connaissances zoologiques*, 3 vol.).

Boudet (Jacques), *L'Homme et l'Animal. Cent mille ans de vie

commune*, Paris, 1962.

Chaix (Louis) et Méniel (Patrice), *Archéozoologie. Les animaux et l'archéozoologie*, Paris, 2001.

Couret (Alain) et Ogé (Frédéric), éd., *Homme, animal, société. Actes du colloque de Toulouse, 1987*, Toulouse, 1989, 3 vol.

Crosby (Alfred W.), *Ecological Imperialism. The Biological Expansion of Europe, 900-1900*, Cambridge (Grande-Bretagne), 1986.

Delort (Robert), *Les animaux ont une histoire*, Paris, 1984.

Desse (Jean) et Audoin-Rouzeau (Frédérique), dir., *Exploitation des animaux sauvages à travers le temps*, Juan-les-Pins, 1993.

Fontenay (Élisabeth de), *Le Silence des bêtes. La philosophie à l'épreuve de l'animalité*, Paris, 1998.

Gubernatis (Angelo de), *Mythologies zoologiques ou les légendes animales*, réimpr. Milan, 1987.

Hennebert (Eugène), *Histoire militaire des animaux*, Paris, 1893.

Klingender (Francis D.), *Animals in Art and Thought to the End of the Middle Ages*, Londres, 1971.

Lenoble (Robert), *Histoire de l'idée de nature*, Paris, 1969.

Lévi-Strauss (Claude), *La Pensée sauvage*, Paris, 1962.

Lewinsohn (Richard), *Histoire des animaux*, Paris, 1953.

Loevenbruck (Pierre), *Les Animaux sauvages dans l'histoire*, Paris, 1955.

Loisel (Gustave), *Histoire des ménageries de l'Antiquité à nos jours*, Paris, 1912, 3 vol.

Malamoud (M. U.), *Symboles animaux*, Paris, 1996.

Pastoureau (Michel), *Les Animaux célèbres*, Paris, 2002.

—, *L'Ours. Histoire d'un roi déchu*, Paris, 2006.

Petit (Georges) et Theodoridès (Jean), *Histoire de la zoologie des origines à Linné*, Paris, 1962.

Planhol (Xavier de), *Le Paysage*

参
考
书
目

B
i
b
l
i
o
g
r
a
p
h
i
e

animal. L'homme et la grande faune.
Une zoo-géographie historique, Paris,
2004.
Porter (J. R.) et Russell (W. M. S.), éds,
Animals in Folklore, Ipswich, 1978.
Rozan (Charles), Les Animaux dans
les proverbes, Paris, 1902, 2 vol.
Sälzle (Karl), Tier und Mensch. Das
Tier in der Geistgeschichte der
Menschheit, Munich, 1965.

PRÉHISTOIRE ET ANTIQUITÉ

Anderson (J. K.), Hunting in the
Ancient World, Berkeley, 1985.
Aymard (Jacques), Étude sur les
chasses romaines des origines à la fin
des Antonins, Paris, 1951.
Beiderbeck (Rolf) et Knoop (Bernd),
Bestiarium. Berichte aus der Tierwelt
der Alten, Lucerne, 1978.
Bouche-Leclercq (Auguste), Histoire
de la divination dans l'Antiquité, Paris,
1879-1882, 4 vol.
Calvet (Jean) et Cruppi (Marcel), Le
Bestiaire de l'Antiquité classique,
Paris, 1955.
Cauvin (Jacques), Naissance des
divinités, naissance de l'agriculture.
La révolution des symboles au
Néolithique, Paris, 1994.
Clottes (Jean) et Lewis-Williams
(David), Les Chamanes de la
Préhistoire, 2ᵉ éd., Paris, 2001.
Dierauer (Urs), Tier und Mensch im
Denken der Antike, Amsterdam, 1977.
Dumont (Jacques), Les Animaux dans
l'Antiquité grecque, Paris, 2001.
Gautier (Achilles), La Domestication,
Paris, 1990.
Gontier (Thierry), L'Homme et
l'Animal. La philosophie antique,
Paris, 2001.
Homme et animal dans l'Antiquité
romaine. Actes du colloque de Nantes
1991, Tours, 1995.
Keller (Oskar), Die antike Tierwelt,
Leipzig, 1909-1913, 2 vol.
Labarrière (Jean-Louis) et Romeyer-

Dherbey (Gilbert), éds, L'Animal dans
l'Antiquité, Paris, 1998.
Leroi-Gourhan (André), Les Chasseurs
de la Préhistoire, 2ᵉ éd., Paris, 1992.
—, Les Religions de la Préhistoire,
5ᵉ éd., Paris, 2001.
Lévêque (Pierre), Bêtes, dieux et
hommes. L'imaginaire des premières
religions, Paris, 1985.
Manquat (Maurice), Aristote
naturaliste, Paris, 1932.
Pellegrin (Pierre), La Classification
des animaux chez Aristote, Paris, 1983.
Prieur (Jean), Les Animaux sacrés
dans l'Antiquité, Paris, 1988.
Pury (Albert de), L'Animal, l'homme,
le dieu dans le Proche-Orient ancien,
Louvain, 1984.
Rudhardt (Jean) et Reverdin (Olivier),
Le Sacrifice dans l'Antiquité, Genève,
1981.

MOYEN ÂGE

Baxter (Ronald), Bestiaries and their
Users in the Middle Ages, Phoenix
Mill (Grande-Bretagne), 1999.
Blankenburg (Wera von), Heilige und
dämonische Tiere. Die Symbolsprache
der deutschen Ornamentik im frühen
Mittelalter, Leipzig, 1942.
Buschinger (Danielle), éd., Hommes et
animaux au Moyen Âge, Greifswald,
1997.
Clark (Willene B.) et McMunn
(Meradith T.), éds, Beasts and Birds of
the Middle Ages. The Bestiary and its
Legacy, Philadelphie, 1989.
Cummins (John), The Hound and
the Hawk. The Art of the Medieval
Hunting, Londres, 1988.
Febel (Gisela) et Maag (Georg),
Bestiarien im Spannungsfeld.
Zwischen Mittelalter und Moderne,
Tübingen, 1997.
George (Wilma B.) et Yapp (William
B.), The Naming of the Beasts. Natural
History in the Medieval Bestiary,
Londres, 1991.

Harf-Lancner (Laurence), éd.,
Métamorphose et bestiaire
fantastique au Moyen Âge, Paris, 1985.
Hassig (Debra), Medieval Bestiaries:
Text, Image, Ideology, Cambridge,
1995.
Henkel (Nikolaus), Studien zum
Physiologus im Mittelalter, Tübingen,
1976.
Kitchell (Kenneth F.), Albertus
Magnus on Animals. A Medieval
Summa Zoologica, Berkeley, 1998,
2 vol.
Langlois (Charles-Victor), La
Connaissance de la nature et du
monde au Moyen Âge, Paris, 1911.
Lecouteux (Claude), Chasses
fantastiques et cohortes de la nuit au
Moyen Âge, Paris, 1999.
Lindner (Kurt), Die Jagd im frühen
Mittelalter, Berlin, 1960 (Geschichte
der deutschen Weidwerks, 2 vol.).
McCulloch (Florence), Medieval Latin
and French Bestiaries, Chapel Hill
(États-Unis), 1960.
Rösener (Werner), éd., Jagd und
höfische Kultur im Mittelalter,
Göttingen, 1997.
Strubel (Armand) et Saulnier (C. de),
La Poétique de la chasse au Moyen
Âge. Les livres de chasse du XIVᵉ siècle,
Paris, 1994.
Van den Abeele (Baudouin), La
Littérature cynégétique, Turnhout,
1996 (Typologie des sources du Moyen
Âge occidental, 75).
—, éd., Bestiaires médiévaux.
Nouvelles perspectives sur les
manuscrits et les traditions textuelles,
Louvain-la-Neuve, 2005.
Voisenet (Jacques), Bestiaire chrétien.
L'imagerie animale des auteurs du
haut Moyen Âge (Vᵉ-XIᵉ s.), Toulouse,
1994.
—, Bêtes et hommes dans le monde
médiéval. Le bestiaire des clercs du Vᵉ
au XIIᵉ siècle, Turnhout, 2000.

TEMPS MODERNES

Baratay (Éric), *L'Église et l'Animal (France, XVIIᵉ-XXᵉ siècle)*, Paris, 1996.

Baratay (Éric) et Hardouin-Fugier (Élisabeth), *Zoos. Histoire des jardins zoologiques en Occident (XVIᵉ-XXᵉ siècle)*, Paris, 1998.

Baümer (Änne), *Zoologie der Renaissance, Renaissance der Zoologie*, Francfort-sur-le-Main, 1991.

Delaunay (Paul), *La Zoologie au XVIᵉ siècle*, Paris, 1962.

Dittrich (Sigrid et Lothar), *Lexikon der Tiersymbole. Tiere als Sinnbilder in der Malerei des 14.-17. Jahrhunderts*, 2ᵉ éd., Petersberg, 2005.

Haupt (Herbert) *et al.*, *Le Bestiaire de Rodolphe II*, Paris, 1990.

Leibbrand (Jürgen), *Speculum bestialitatis. Die Tiergestalten der Fastnacht und des Karnevals im Kontext christlicher Allegorese*, Munich, 1988.

Moriceau (Jean-Marc), *L'Élevage sous l'Ancien Régime (XVIᵉ-XVIIIᵉ siècle)*, Paris, 1999.

Nissen (Claus), *Die zoologische Buchillustration : Ihre Bibliographie und Geschichte*, Stuttgart, 1969-1978, 2 vol.

Paust (Bettina), *Studien zur barocken Menagerie in deutschsprachigen Raum*, Worms, 1996.

Risse (Jacques), *Histoire de l'élevage français*, Paris, 1994.

Salvadori (Philippe), *La Chasse sous l'Ancien Régime*, Paris, 1996.

Thomas (Keith), *Dans le jardin de nature. La mutation des sensibilités en Angleterre à l'époque moderne (1500-1800)*, Paris, 1985.

ÉPOQUE CONTEMPORAINE

Albert-Llorca (Marlène), *L'Ordre des choses. Les récits d'origine des animaux et des plantes en Europe*, Paris, 1991.

Blunt (Wilfrid), *The Ark in the Park. The Zoo in the Nineteenth Century*, Londres, 1976.

Burgat (Florence), *Animal, mon prochain*, Paris, 1997.

Couret (Alain) et Daigueperse (Caroline), *Le Tribunal des animaux. Les animaux et le droit*, Paris, 1987.

Diolé (Philippe), *Les Animaux malades de l'homme*, Paris, 1974.

Domalain (Jean-Yves), *L'Adieu aux bêtes*, Grenoble, 1976.

Hediger (Heini), *The Domestication of Animals in Zoos and Circuses*, 2ᵉ éd., New York, 1968.

Laissus (Yves) et Petter (Jean-Jacques), *Les Animaux du Muséum, 1793-1993*, Paris, 1993.

Lévy (Pierre Robert), *Les Animaux du cirque*, Paris, 1992.

Paietta (Ann C.) et Kauppila (Jean L.), *Animals on Screen and Radio*, New York, 1994.

Rothel (David), *The Great Show Business Animals*, New York et Londres, 1980.

Rovin (Jeff), *The Illustrated Encyclopedia of Cartoon Animals*, New York, 1991.

Thétard (Henry), *Les Dompteurs*, Paris, 1928.

片
授
权

图片授权

En couverture : Bayerische Staatsbibliothek, Munich (détail).

© 2018 / Loup-Auzou-O. Lallemand- E. Tuillier : 151.
ADAGP, Paris 2018 : © Félix Lorioux : 90 (détail), 95, 103.
AFP / Philippe Desmazes : 148.
AKG Images : 33, 128-129 ; British Library, Londres : 48 ; Interfoto / Bildarchiv Hansmann : 73 ;
Alex Mitchell / Album / Oronoz : 149 ; Mondadori Portfolio : 130 (détail), 139.
Bayerische Staatsbibliothek, Munich : 85.
Bibliothèque municipale, Besançon / Cliché IRHT : 66 (détail), 68.
Bibliothèque nationale de France, Paris : 8, 41, 42, 50, 54, 56-57, 61, 63, 65, 92, 98, 99, 118, 120-121.
The Bodleian Libraries, University of Oxford, MS 1452, folio 52 verso : 46 (détail), 52.
Bridgeman Images : 136-137 ; Archives Charmet : 70-71, 119 ; Archives Charmet / Bibliothèque
des Arts décoratifs : 78-79 ; British Library Board : 36 (détail), 38 (détail), 86, 104 (détail), 106 ;
Collection particulière : 101, 103 ; Collection particulière / Archives Charmet : 90 (détail), 95 ;
Collection particulière / The Stapleton Collection : 72 ; Leeds Museums and Art Galleries : 26
(détail), 30 ; Árni Magnússon Institut, Reykjavik : 23 ; Musei Capitolini, Rome : 29 ; Photo © CCI :
114-115 ; Taillandier : 58 (détail), 62 ; Werner Forman Archive : 21.
Cgb, numismatique, Paris : 28.
Droits réservés : 20, 96, 116 (détail), 126.
© Flammarion, Paris, 2016 / *Mowgli et les loups*, Anne Fronsacq, illustrations Sébastien Pelon,
d'après *Le Livre de la jungle* de Rudyard Kipling : 142-143.
Infobretagne.com : Photo Roger Frey : 43.
KB / The National Library, La Haye / Manuscrit KA 16 : 51.
Kharbine-Tapabor : Collection Jonas : 94.
© Holly Kuchera/ Tortoise Productions, Inc : 158.
L'École des loisirs, Paris : 144, 145.
LACMA, Los Angeles : 18-19.
La Collection : © Jean-Paul Dumontier : 40 ; © Gilles Mermet : 31.
Leemage : © Archivio Lensini / MP / Portfolio : 45 ; © DeAgostini : 14 (détail), 16, 35 ; © Fototeca :
74-75 ; © Luisa Ricciarini : 89.
The Metropolitan Museum of Art, New York / John Stewart Kennedy Fund, 1910 : 108-109.
Musée des Beaux-Arts, Nancy / Cliché C. Philippot : 112.
Nationalmuseet, Copenhagen / Roberto Fortuna et Kira Ursem Fund : 24-25.
RMN-GP : © MBA, Rennes, Dist. RMN-GP / Louis Deschamps : 111 ; Musée de l'Armée / Pierre-
Luc Baron-Moreau : 87 ; Musée du Louvre / Hervé Lewandowski : 17.
Roger-Viollet : © TopFoto : 123.
Rue des Archives : © Mary Evans : 132-133.
Stiftsbibliothek St. Gallen : 80 (détail), 83.
TCD/ © Warner Bros : 140 (détail), 146-147.